認知脳科学

嶋田総太郎 著

コロナ社

はじめに

　認知科学とは，人間の心の機能とメカニズムを理解することを目標とした，脳科学，心理学，情報科学，精神医学，言語学，哲学，文化人類学，コンピュータサイエンスなど，数多くの分野にまたがる学際的な分野である。その中でも脳の機能とメカニズムの理解に軸足を置いた立場が認知脳科学であるといえる。人間の表面的に現れた行動だけでなく脳活動を調べることによって，必ずしも行動や意識には現れない人間の認知情報処理プロセスを追うことができる。特に最近の脳機能イメージング技術の長足の進歩は，認知脳科学の研究成果を質，量ともに高めることに成功してきた。

　本書は脳科学および認知科学に興味のある大学生レベルの読者を想定して書かれている。脳神経科学に関する優れた教科書はすでにいくつかあるが，海外研究者が執筆，編纂したものの翻訳本が多いせいか，分厚くてなかなか普段持ち歩けるサイズのものが少ない。またこれらの多くは医学部の学生に向けて書かれており，理工系や文系の学生にとっては必ずしも近づきやすいものとはいえない印象がある。一方，認知科学に関しても多くの良書が出版されており，本書でも随所で参考にしているが，教科書となるとその数はまだまだ少ない。それらについても，どちらかといえば心理学的知見が主の内容のものが多く，脳科学的な知見を十分に紹介した本はあまり見当たらない。本書はそのような中で認知脳科学の知見を初学者にもわかりやすくまとめるように努めたものである。

　本書の構成を簡単に述べると，1章ではまず導入として，認知脳科学の歴史とその主要な方法論を概説する。2章では脳の構造について，基本的な知識を身につける。脳領野の位置や名称を覚えるのはなかなか厄介な作業であるが，そのリファレンスとして十分に役立つような記述を心がけた。卒業研究などで

英語文献を読む際の参考になるように英語での名称も併記してある。3章では視覚，4章では味覚，嗅覚，聴覚，触覚などの感覚処理について学ぶ。低次から高次までの感覚処理の階層性について理解を深め，人間がどのような感覚情報を受け取り，世界を認識しているのかについて考える。5章では運動について学ぶ。運動関連領野もまた多層的な構造をしており，それぞれの脳領野の役割について学ぶ。特に前頭葉と頭頂葉にある運動領野が重要な役割を果たしており，感覚と運動のネットワークを構成していることを理解する。6章では情動と感情，7章では記憶と，大脳皮質に加えて皮質下の脳構造が重要な役割を担う脳の機能について学ぶ。どちらも古くから注目されているとともに，近年でも多くの重要な知見が生み出され続けているトピックであり，本書でもそれらの知見をなるべく体系的に紹介するように努めた。8章と9章では，エグゼクティブ機能と社会性認知という，比較的高次の脳機能について学ぶ。エグゼクティブ機能（executive function）とは，脳のほかの領野をトップダウンに制御する機能を指し，おもに前頭前野によって遂行されている。これはしばしば「遂行機能」や「実行機能」とも訳されるが，運動機能の一つであるように誤解されやすく，あまりよい訳語ではない。「エグゼクティブ」は日本語でもすでに「会社や組織などの幹部や重要な地位にある人」という意味で浸透しており，本書ではこれをそのまま使い「エグゼクティブ機能」と表すことにした。社会性認知はコミュニケーションやインタラクションに関わる脳機能を総称したものであり，近年の認知脳科学の主要なトピックの一つとなっている。数多くのエキサイティングな成果が毎年発表されており，本書ではそのような社会性認知の主要な知見をまとめている。

　本書は脳科学や神経科学の基礎についても学べるようになっている。その際，下本となっているのは，海外で用いられている脳神経科学ないし認知神経科学の主要な教科書である。巻末に参考文献として挙げてあるので，必要と思われる場合には適宜参照してほしい（これらの本のいくつかは日本語でも読むことができる）。一方で，本書は単にこれらの本の要約ということではなく，学術論文などで発表された最近の知見もかなり盛り込まれている。特に5章「運動」，

6章「情動・感情」，7章「記憶と学習」，9章「社会性認知」は，上述の教科書には記載がない事項も多く記載しているので，これらに興味のある読者はよく読んでいただければと思う。

　本書の構成がその縦糸だとすれば，本書の全体に流れている思想はその横糸であり，それは大まかにいえば身体と脳の関係性である。読者は本書を読み進めるうちに，身体に関して触れている箇所が多いことに気づくだろう。これは本書の特徴であると同時に，ある意味必然的な結果でもある。われわれは環境の中で身体を持って生活しているが，脳はこの身体に根差した生活を適切に遂行することを第一の目標として発達，進化してきたはずであり，脳の機能をまず身体との関連から考えることは妥当だといえる。それは必ずしも意識的なプロセスである必要はなく，事実，脳の機能の多くは無意識のうちに遂行されていることも本書を読み進めるうちにわかるだろう。人間とはどのような脳メカニズムでこの世界に適応してきたシステムなのか，楽しみながら，じっくりと考えてもらえればと思う。

　このような身体性に根差した脳からどうして意識や抽象的な概念を処理する高次の認知機能が現れるようになったのだろうか。これについてはまだ十分な認知脳科学的知見が出そろっていない（少なくとも筆者が整理できていない）ことと紙面の都合から，本書ではそれに対して十分に答えるには到っていない。今回体系的にきちんと扱えなかったのは言語，概念，知識，注意，意識といったトピックである（しかし，それらに関連する記述は随所に見られるはずである）。身体性から言語や意識への「飛躍」は学術的にも大きなチャレンジとして残されており，筆者も今後の機会にぜひ取り組みたいと思っている。

　最後に本書の図の作成には，筆者の主催する研究室のメンバーである田村幸枝さん，都地裕樹君，小沼稜平君に多くの協力をいただいた。この場を借りて感謝を表したい。またコロナ社の皆さんには，多岐に渡って親身にサポートをしていただいた。ここに篤く御礼申し上げたい。

2017年1月

嶋田総太郎

目　次

1章　認知脳科学とは

1.1　認知脳科学の来歴 …………………………………………………………… 1
1.2　認知脳科学の方法論 ………………………………………………………… 3
　1.2.1　実験認知心理学 ………………………………………………………… 3
　1.2.2　認知神経心理学 ………………………………………………………… 5
　1.2.3　計算論的認知科学 ……………………………………………………… 7
　1.2.4　脳機能イメージング …………………………………………………… 8

2章　脳のアーキテクチャ

2.1　神経系の区分 ………………………………………………………………… 10
2.2　神 経 細 胞 …………………………………………………………………… 12
2.3　大 脳 皮 質 …………………………………………………………………… 13
　2.3.1　大 脳 の 構 造 ………………………………………………………… 13
　2.3.2　ブロードマン地図 ……………………………………………………… 16
　2.3.3　脳における方向の表し方 ……………………………………………… 17
　2.3.4　一次感覚野と一次運動野 ……………………………………………… 18
　2.3.5　高次感覚野と連合野 …………………………………………………… 19
2.4　皮 質 下 構 造 ………………………………………………………………… 20
　2.4.1　大 脳 辺 縁 系 ………………………………………………………… 20
　2.4.2　大 脳 基 底 核 ………………………………………………………… 21
　2.4.3　小　　　　　脳 ………………………………………………………… 22
　2.4.4　脳　　　　　幹 ………………………………………………………… 23

3章 視　　　　　覚

- 3.1　視覚認知の性質 ……………………………………………… 25
- 3.2　眼から脳へ …………………………………………………… 27
  - 3.2.1　眼の構造 …………………………………………… 27
  - 3.2.2　視細胞 ……………………………………………… 28
  - 3.2.3　網膜でのエッジ検出処理 ………………………… 29
  - 3.2.4　網膜での色識別処理 ……………………………… 30
  - 3.2.5　網膜から脳へ ……………………………………… 31
- 3.3　一次視覚野 …………………………………………………… 32
  - 3.3.1　レティノトピー …………………………………… 32
  - 3.3.2　方位選択性とコラム構造 ………………………… 33
- 3.4　高次視覚野における機能分化 ……………………………… 34
  - 3.4.1　一次視覚野から高次視覚野へ …………………… 34
  - 3.4.2　色の知覚 …………………………………………… 35
  - 3.4.3　形の知覚 …………………………………………… 36
  - 3.4.4　動きの知覚 ………………………………………… 37
- 3.5　腹側経路と背側経路 ………………………………………… 38
  - 3.5.1　腹側経路 …………………………………………… 39
  - 3.5.2　背側経路 …………………………………………… 41

4章 視覚以外の感覚

- 4.1　感　　覚 ……………………………………………………… 44
  - 4.1.1　感覚とは何か ……………………………………… 44
  - 4.1.2　感覚受容器 ………………………………………… 45
- 4.2　味　　覚 ……………………………………………………… 46
- 4.3　嗅　　覚 ……………………………………………………… 48
- 4.4　聴　　覚 ……………………………………………………… 50
  - 4.4.1　音の性質 …………………………………………… 50

  4.4.2　耳の構造と聴覚受容器 ………………………………………… *51*
  4.4.3　音 源 定 位 ……………………………………………………… *53*
  4.4.4　大脳皮質における聴覚処理 …………………………………… *54*
 4.5　体 性 感 覚 ……………………………………………………………… *56*
  4.5.1　体性感覚受容器 ………………………………………………… *56*
  4.5.2　痛　　　　覚 …………………………………………………… *57*
  4.5.3　自 己 受 容 感 覚 ………………………………………………… *58*
  4.5.4　一次体性感覚野と体部位局在性 ……………………………… *59*
  4.5.5　高次体性感覚野 ………………………………………………… *61*

5章　運　　　　　動

 5.1　運動野の構造と働き …………………………………………………… *63*
 5.2　運動制御と反射 ………………………………………………………… *65*
 5.3　一 次 運 動 野 …………………………………………………………… *68*
  5.3.1　体部位局在性と入出力 ………………………………………… *68*
  5.3.2　運動情報の集団符号化 ………………………………………… *69*
 5.4　高 次 運 動 野 …………………………………………………………… *70*
  5.4.1　補足運動野と前補足運動野 …………………………………… *71*
  5.4.2　背側運動前野と上頭頂小葉のネットワーク ………………… *73*
  5.4.3　腹側運動前野と下頭頂小葉のネットワーク ………………… *75*
 5.5　大 脳 基 底 核 …………………………………………………………… *78*
  5.5.1　皮質-基底核の運動系ループ回路 ……………………………… *78*
  5.5.2　大脳基底核の損傷 ……………………………………………… *79*
 5.6　小　　　　　脳 ………………………………………………………… *80*
  5.6.1　小脳による運動制御 …………………………………………… *80*
  5.6.2　小脳の神経回路 ………………………………………………… *81*

6章 情動・感情

- 6.1 情動と感情 …… 83
  - 6.1.1 末梢起源説 …… 84
  - 6.1.2 中枢起源説 …… 84
  - 6.1.3 二つの経路モデル …… 85
- 6.2 自律神経系・内分泌系 …… 86
- 6.3 視床下部 …… 88
- 6.4 扁桃体 …… 89
  - 6.4.1 扁桃体の構造 …… 89
  - 6.4.2 恐怖条件づけ …… 90
  - 6.4.3 表情認知 …… 91
- 6.5 島皮質 …… 93
  - 6.5.1 島皮質の脳内身体表現 …… 93
  - 6.5.2 痛みの感情 …… 93
  - 6.5.3 内受容感覚と感情 …… 94
- 6.6 腹内側前頭前野・前頭眼窩野 …… 95
  - 6.6.1 フィニアス・ゲージの症例 …… 95
  - 6.6.2 社会的感情 …… 95
- 6.7 報酬系 …… 96
  - 6.7.1 ドーパミンニューロン …… 96
  - 6.7.2 高次の報酬表現と意思決定 …… 97
  - 6.7.3 快感情の主観的経験 …… 98

7章 記憶と学習

- 7.1 海馬 …… 99
  - 7.1.1 H. M. の症例 …… 99
  - 7.1.2 海馬の神経回路 …… 100
  - 7.1.3 海馬における長期増強と空間記憶 …… 101

目次

- 7.2 記憶のモデル……………………………………………………………102
  - 7.2.1 記憶の3ステージ………………………………………………102
  - 7.2.2 記憶のエラー……………………………………………………103
  - 7.2.3 短期記憶と長期記憶……………………………………………104
  - 7.2.4 長期記憶の種類…………………………………………………106
- 7.3 ワーキングメモリ………………………………………………………107
  - 7.3.1 ワーキングメモリの構成要素…………………………………108
  - 7.3.2 ワーキングメモリの脳内基盤…………………………………108
- 7.4 長期記憶の形成…………………………………………………………109
  - 7.4.1 長期記憶のありか………………………………………………110
  - 7.4.2 記憶の固定化……………………………………………………111
  - 7.4.3 記憶の固定化と睡眠時の脳活動………………………………112
  - 7.4.4 長期記憶の書き換え……………………………………………113
- 7.5 潜 在 記 憶………………………………………………………………114
  - 7.5.1 プライミング……………………………………………………114
  - 7.5.2 条件づけと強化学習……………………………………………115
  - 7.5.3 運 動 技 能………………………………………………………118

8章 エグゼクティブ機能

- 8.1 前頭前野とエグゼクティブ機能………………………………………120
- 8.2 認 知 的 制 御……………………………………………………………122
  - 8.2.1 プランニング……………………………………………………123
  - 8.2.2 ワーキングメモリにおける想起と選択………………………124
  - 8.2.3 タスクスイッチング……………………………………………125
  - 8.2.4 抑　　　制………………………………………………………127
- 8.3 モニタリング機能………………………………………………………129
  - 8.3.1 エラーの検出……………………………………………………130
  - 8.3.2 対立した反応の選択……………………………………………130
  - 8.3.3 心的状態のモニタリング………………………………………131
- 8.4 意 思 決 定………………………………………………………………131

	8.4.1 プロスペクト理論 …………………………………………………… 131
	8.4.2 ニューロエコノミクス …………………………………………… 132
	8.4.3 ソマティックマーカー仮説 ……………………………………… 133

9章 社会性認知

9.1 社会性認知とは ……………………………………………………… 135
9.2 ミラーシステム ……………………………………………………… 137
　9.2.1 シミュレーション仮説 …………………………………………… 137
　9.2.2 運動選択性 ………………………………………………………… 138
　9.2.3 目標指向性 ………………………………………………………… 139
　9.2.4 模　　倣 …………………………………………………………… 140
9.3 共　　感 ……………………………………………………………… 141
　9.3.1 共感とミラーシステム …………………………………………… 141
　9.3.2 痛みへの共感 ……………………………………………………… 142
　9.3.3 情動的共感と認知的共感 ………………………………………… 143
9.4 「心の理論」 ………………………………………………………… 143
　9.4.1 誤信念課題 ………………………………………………………… 143
　9.4.2 「心の理論」に関わる脳領野 …………………………………… 145
　9.4.3 ミラーシステムと「心の理論」領野 …………………………… 146
9.5 他者の認識 …………………………………………………………… 146
　9.5.1 顔と身体の認識 …………………………………………………… 147
　9.5.2 他者運動や視線の認知 …………………………………………… 148
9.6 自己認識 ……………………………………………………………… 149
　9.6.1 「自己」の概念 …………………………………………………… 149
　9.6.2 身体所有感と運動主体感 ………………………………………… 151
　9.6.3 自己身体イメージの脳内基盤 …………………………………… 153

付録　神経細胞

A.1 神経細胞の構造 ……………………………………………………… 155
A.2 静止膜電位と活動電位 ……………………………………………… 155

A.2.1　静止膜電位 ……………………………………………… *155*
　　　A.2.2　活動電位の発生 ………………………………………… *157*
　　　A.2.3　活動電位の伝導 ………………………………………… *158*
　A.3　神経細胞間の情報伝達 ……………………………………………… *160*
　　　A.3.1　シナプスの構造 ………………………………………… *160*
　　　A.3.2　神経伝達物質の放出とシナプス後電位の発生 ………… *160*
　A.4　神経伝達物質 …………………………………………………………… *162*
　A.5　長期増強（LTP） ……………………………………………………… *165*

引用・参考文献 …………………………………………………………… *168*
索　　引 …………………………………………………………………… *176*

1章 認知脳科学とは

　人間はどのように世界を認識し行動しているのだろうか。それを知るためには脳を知ることが大切であるということは，多くの読者に同意していただけると思う。認知脳科学とはそのような考え方を持って生まれた学問分野である。本章ではまず認知脳科学が生まれた背景と四つの主要な研究アプローチについて概説し，本書全体への導入としたい。

1.1　認知脳科学の来歴

　認知脳科学（cognitive neuroscience）とは，人間の認知と行動を実現している脳の機能とメカニズムを理解しようとする研究分野のことである。これには自分の置かれている環境を理解するための知覚，注意，認識や適切な行動を遂行するための運動制御，計画，意思決定，さらにはそれらをサポートする記憶や感情，言語，高次認知などのさまざまなプロセスを包含し，しばしばわれわれの意識の及ばない無意識下で遂行されているものも含む。

　認知脳科学よりも広い枠組みである認知科学は，脳科学，心理学，情報科学，精神医学，言語学，哲学，文化人類学，コンピュータサイエンスなど多様なバックグラウンドを持つ科学者たちによって研究が進められている学際的な研究分野である。特に人間を一つの「情報処理システム」として捉えること，すなわち人間はどのような情報を入力として受け取り，それを内部でどのように表現，処理して，どのような出力へ結びつけるシステムなのかを理解することに重きを置いている。認知脳科学は，そのような情報処理が脳でどのように実現されているか，脳の認知機能とメカニズムの解明に軸足を置いた立場だといえる。

認知科学のはじまりは1950年代である。それまでの心理学研究では，1920年代にスキナーやワトソンらが立ち上げた行動主義が隆盛であった。行動主義では，心理学は個体の「行動」に関する記述に終始し，よくわからない個体の内部状態について憶測に基づいて言及することは控えるべきだとされた。これはやや極端な主張のようにも思えるが，当時の動物を対象とした行動主義研究は，報酬に基づく個体の学習プロセスを非常にうまく記述することができたので，アメリカを中心に広く受け入れられていった。

　しかしながら1950年代頃になると，行動主義の刺激‒行動の連合学習だけでは人間のすべての認知活動を説明できないことも徐々に明らかになってきた。行動主義では，刺激から行動へ至るまでのプロセスはブラックボックスとして扱われてきたが，やはりこれだけでは人間の複雑な認知能力を説明するには限界があり，個体内部で情報がどのように操作，処理されるかという情報の流れを追う必要性が徐々に認識されてきた。

　こうした行動主義からの脱却と認知を重視する立場への流れが起こるのとほぼ同時期に，コンピュータの発明という人類史上の重要な出来事が重なった。これによって起こった情報科学やコンピュータサイエンスの勃興，特に人工知能と呼ばれる人間を模したコンピュータプログラム研究が盛んに行われるようになったこともあり，人間の心理を「情報処理システム」として理解しようという認知科学が成立するための土壌が整ってきた。

　このようにして，認知科学は心理学，情報科学，コンピュータサイエンス，言語学などを中心に学際的な研究として立ち上がり，精力的に研究がなされるようになったが，これがさらに脳科学と本格的に合流するようになるのは1970年代後半である[6]†。脳科学の分野では，それまで動物の脳を対象として神経細胞の活動を記録する神経生理学的な研究と，脳損傷患者の行動障害を研究する神経心理学的な研究が主であった。このような研究から，マクロには脳のモジュール構造や機能局在性，ミクロには神経細胞の挙動などが理解されつ

---

† 肩付数字は巻末の引用・参考文献を示す。

つあったが，これらを統合して人間の行動を説明するためのモデルに欠けていた。一方で認知科学も，認知システムの実態としての脳とのマッピングが必要な時期に差しかかっていた。このように両者がたがいを必要とするようになったのが1970年代後半であり，認知脳科学（認知神経科学），すなわち脳科学と認知科学の融合領域が形成されていった。

その後さらに1990年代の脳機能イメージング技術（1.2.4項参照）の飛躍的な進歩により，認知脳科学研究はそれからの20年ほどで長足の発展を遂げた。これらの装置を用いれば，人間の頭部や脳を痛めることなく，さまざまな認知活動を行っているときの脳活動を安全に計測することができる。それまでは動物実験や脳損傷患者の症例報告に頼らざるを得なかったのが，一気に研究の可能性が広がったのである。本書では，このような認知脳科学研究で得られたこれまでの成果について学んでいきたい。

1.2　認知脳科学の方法論

認知脳科学には大きく四つの研究アプローチがある。これまでの研究の成果を正しく理解するためには，それぞれの長所と短所を把握しておくことが重要である。

1.2.1　実験認知心理学

実験認知心理学（experimental cognitive psychology）研究では，おもに健常者を対象としてその認知能力を調べる実験を行う。多くは実験者による統制がとれた環境（つまり実験室）で，反応時間や正答率などを指標として客観的なデータを測定する。アンケートなどの主観的データを用いることもある。実験条件を変化させたときにこれらの指標がどのように変化するかを調べることによって，人間の内部プロセスに関する洞察を得ることができる。

これまでのよく考えられた実験によって，特に注意，知覚，学習，記憶などのプロセスについて多くの知見が得られてきた。例えば，先行手がかり法と呼

ばれる人間の注意の特性を計測するための方法がある（考案した研究者の名前をとってポスナー課題とも呼ばれる[7]）。ここでは，目標刺激が提示されたらできるだけ速く反応ボタンを押すという課題を被験者に与え，目標刺激が提示されてから反応ボタンが押されるまでの時間（反応時間）を測定する。このとき，目標刺激に先行して，目標刺激の提示位置を知らせる手がかり刺激が提示される（**図1.1**）。手がかり刺激は目標刺激の位置を正しく知らせる場合（valid条件）とそうでない場合（invalid条件），また目標刺激の位置に関する情報を含まない中立の手がかり刺激を知らせる場合（neutral条件）がある（いずれの場合も被験者は眼を動かしてはならない）。この場合，valid条件における反応時間や正答率は，invalid条件やneutral条件と比べて有意によくなることが

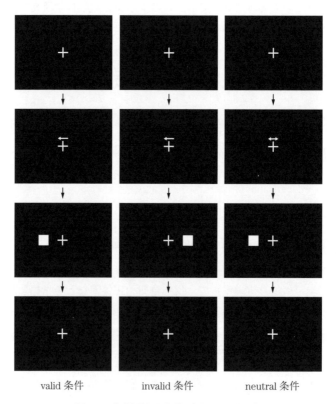

図1.1 先行手がかり法（ポスナー課題）

知られている。これは先行手がかりによって，無意識のうちに注意が目標刺激の空間位置に向けられたことによる効果だと考えられる。

よく練られた行動実験は，脳の内部で行われている処理について有用な洞察を与えてくれる。したがって認知脳科学を学ぶうえで，実験認知心理学のアプローチについてよく理解しておくことが重要である。事実，実験認知心理学は研究の方法論がほぼ確立されており，これから述べるほかの三つの研究アプローチを主導する役割を果たしてきた。ただしその一方で，脳の機能については間接的な情報しか与えてくれないことと，実験の生態学的妥当性（ecological validity），すなわち実験で得られた結果が日常生活の場面においてどの程度当てはまるのか（例えば先述の先行手がかり法が日常生活の注意行動をどの程度説明できるのか）については十分な検討が必要であることが短所として挙げられる。

1.2.2 認知神経心理学

認知神経心理学（cognitive neuropsychology）とは，脳損傷患者の認知能力を調べることによって，逆に健常者の認知能力についての洞察を得るというアプローチである。脳という複雑なシステムを理解するうえでは，正常なままのシステムを観察するよりも，何らかの異常が起きたシステムを観察するほうが有益な情報が得られることが多い。すなわち，あるシステムがある条件において実行エラーを起こすことがわかれば，そこにシステム内部のメカニズムが見え隠れするということである。認知神経心理学では，脳のある部位に損傷が起こったときに，どのような認知と行動のエラーが起こるのかを調べる。

認知神経心理学における重要な前提は**モジュール性**である。すなわち，人間の認知システムはある特定の機能を持つモジュールに分割でき，かつそれらが解剖学的にもモジュールとして局在しているというものである。例えば顔認識モジュールは，顔の情報処理を特異的に行うが，それ以外の物体に対しては反応を示さない。事実，このような顔認識モジュールは紡錘状回という側頭葉底部の領野に局在することがわかっており，ここを損傷すると通常の物体は認識

できるのに顔だけが認識できない相貌失認という症状が現れる（9章参照）。脳ではこのようなモジュール性が普遍的に見られ，これを脳の**機能局在性**という。

認知神経心理学で最も重要な概念は，**二重乖離**（double dissociation）である。まず，乖離とは，ある脳部位を損傷した患者 X が課題 A は正常にこなすのに，課題 B には障害が見られるという事象のことをいう。これは脳損傷によって課題 B に必要な機能モジュールが失われたからだと考えられなくもない。しかしながら，この場合，単に課題 B のほうが課題 A よりも難しいためにそのような結果になったのだという指摘に反駁できず，ある特定の機能モジュールを失ったという証拠としては弱いものだといわざるを得ない。そこで，課題 A と課題 B が異なる機能モジュールを要するということを示すためには，これに加えて課題 B は正常にこなすが課題 A には障害が見られるという別の脳部位を損傷した患者 Y を発見する必要がある。このような課題 A と課題 B の独立性を示す患者 X と患者 Y の組み合わせを発見したとき，二重乖離を発見したという。

歴史的には，最初の二重乖離は失語症の患者で発見された。1861 年に外科医のポール・ブローカは，発話に障害をきたす失語症患者がすべて左半球の下前頭回を損傷していることを報告した（この部位は現在ではブローカ野と呼ばれている，**図 1.2**）。ついで 1874 年にはウェルニッケが，発話には問題ないが聞き取りができないタイプの失語症患者は，左半球の上側頭葉（ウェルニッケ野）に損傷を持つことを示した。興味深いことに，ブローカ野を損傷した患者

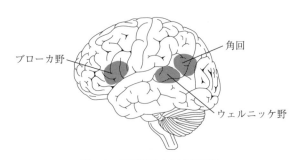

図 1.2 言語機能を担う脳領野

は発話はできないが聞き取りはでき，ウェルニッケ野を損傷した患者は聞き取りはできないが発話はできるという症状を示した．つまり，言語の発話と聞き取りには二重乖離が見られ，この二つは独立した機能モジュールであることが端的に示されている．なお現在では，頭頂葉にある角回と呼ばれる領野が言葉の読み書きに関連していることがわかっている（ここを損傷すると読字障害が起こる）．また音韻処理などは右半球優位であることも知られている．このように言語機能は発話，聞き取り，読み書き，音韻処理などのいくつかのサブモジュールの組み合わせによって担われていることが認知神経心理学研究によって示されている．

1.2.3　計算論的認知科学

　計算論的認知科学（computational cognitive science）では，人間の認知機能のある側面をモデル化したコンピュータのプログラムを作成することによって，そのモデルの妥当性を検証していく．このようなプログラムを**計算モデル**という．モデルをコンピュータプログラムとして表現することは，曖昧な部分を一切残さないという意味で非常によい方法である．よい計算モデルとは，典型的な人間の行動を模倣するだけでなく，人間と同じエラーをしたり，未知の状況における人間の挙動を予測できたりするものであるといえる．

　計算モデルと似た用語として**人工知能**がある．これらの研究がはじまった1950〜70年代はほぼ同じ意味で使われていたが，時間とともに，人工知能は知的な結果を生み出すコンピュータプログラムであれば人間の知能との類似性は問わないといったスタンスで語られることが多くなってきた．例えば，チェスのプログラムとして有名な Deep Blue は1秒間に約2億回の手を計算することができるが，これは人間のチェスプレイヤーの処理の仕方とはまったく異なっている．同様に，Google などの検索エンジンも非常に知的な作業を行うが，もはや人間の処理の仕方とはかけ離れている．

　われわれは，どのような説明ができればそのシステムを「理解できた」といえるのだろうか．計算論的認知科学者のデビッド・マーはその著作『ビジョン』

の中で (1) 計算レベル，(2) 表現とアルゴリズムレベル，(3) 実装レベルの三段階の説明レベルを挙げている[8]。計算レベルとは，どのような問題が実際に解かれているのか，およびその計算の目的は何かを明らかにすることである。表現とアルゴリズムレベルは，その入出力がどのように表現され，どのような計算手順によって変換されているのかを明らかにすることである。実装レベルは，この表現とアルゴリズムがどのようなハードウェア（脳であれば神経細胞の機能原理やそれらのネットワーク構造）によって実現されているのかを明らかにすることである。この三つが揃ってはじめて，われわれはその情報処理システムを完全に理解したといえる。計算論的認知科学が目指すのはこのような説明ができる計算モデルを構築することだといえる。

1.2.4 脳機能イメージング

脳機能イメージング（functional neuroimaging）は，これまで紹介してきた三つの方法論に比べて最も新しいアプローチであり，脳活動計測技術を用いて，脳活動が「いつ」「どこで」起こるのかを調べる。大きく分けて，(1) 脳波（EEG）や脳磁図（MEG）など，脳の電気的活動を計測する手法，(2) 機能的核磁気共鳴法（fMRI）や陽電子崩壊断層画像（PET），近赤外分光法（NIRS）など，脳の血流・代謝反応を計測する手法，(3) 経頭蓋磁気刺激（TMS），経頭蓋直流電気刺激（tDCS）など脳に微弱な電磁気刺激を加えることによって行動や反応の変化を調べる手法がある。これら三つの手法はすべて非侵襲（頭や脳にダメージを与えない）であり，健常者の脳を安全に計測することができる。また動物の脳に限定すれば，(4) 微小電極を脳に挿入するなどして，神経細胞の電気生理的活動を直接的に測定する手法も用いられている。認知脳科学の初期の研究の多くは動物の脳の電気生理的活動を計測したものであり，重要な発見も豊富になされてきたが，1990年代にfMRIなどの非侵襲脳機能イメージング手法が開発されると，ヒトを対象とした脳機能イメージングも数多くなされるようになってきた。

神経細胞は活動する際に電位を発生し，それに続いてその部位への局所脳血

流の増加が引き起こされる。したがって，電気的な活動と血流動態反応は基本的には相関すると考えられ，どの手法を用いても同じような結果が得られると予想される。ただし，電気的活動を計測する手法では時間解像度が高い信号（数ミリ～数十ミリ秒のオーダー）を測定できるのに対し，血流動態を測定する手法では観察している血流変化自体がゆっくりしたものなので，比較的遅い信号（数秒のオーダー）しか得られない。逆に，血流動態を調べる手法は電気的活動を計測する手法よりも一般的に空間解像度は高い（活動部位の特定がしやすい）。このようなトレードオフを踏まえたうえで，研究によって適切な装置を選択するのがよいといえる。

　脳機能イメージング研究では，先述の実験認知心理学の手法を援用し，実験条件を変化させたときに，ある部位の脳活動の強さおよびタイミング（潜時）がどのように変化するかを調べる。また，このときの行動指標との相関などを調べる。これによって，どのような脳メカニズムによってその機能が実現されているかについての比較的直接的な洞察を得ることができる。

　最近では，計測装置やデータ解析技術の発展により，日常生活に近い環境や実験設定での脳機能イメージングも行われるようになってきている。また課題を遂行しているときに複数の脳領野がどのように協調して活動しているか（機能的結合）についての解析や，脳活動のパターンから被験者の認知プロセスを逆推定する（デコーディング）解析も行われるようになっている。脳機能イメージングでは，実験デザインとデータ解析手法が日進月歩の進展を続けており，今後も多くの新しい知見が生み出されていくものと考えられる。

　次章以降ではこれら四つの研究アプローチによる成果を随時取り上げながら，脳の認知機能とそのメカニズムについて学んでいく。

2章 脳のアーキテクチャ

本章では脳のアーキテクチャ（全体構造）について学ぶ。構造と機能は密接に関連しており，脳の機能を理解するうえで，脳がどのような構造をしているのかを理解しておくことは大切である。脳に関する英語の専門用語は辞書で調べるのが困難なことがしばしばあるので，本章では各部位の英語用語もなるべく併記するようにしている。また，本章では神経細胞に関する記述は最小限に抑えてある。より詳細な知識を身につけたい読者は，付録「神経細胞」を参照してほしい。

2.1 神経系の区分

ヒトを含めた哺乳類の神経系は，中枢神経系（central nervous system）と末梢神経系（peripheral nervous system）の二つに区分される。中枢神経系は脳と脊髄（spinal cord）からなり，それ以外はすべて末梢神経系である。

〔1〕**脳の構造** 脳は大脳（cerebrum），小脳（cerebellum），脳幹（brain stem）の三つの部分に分けられる（図 2.1）。大脳はさらに大脳皮質（cerebral

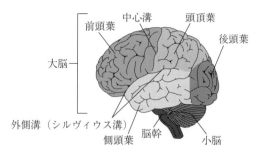

図 2.1 脳の構造

cortex）と大脳辺縁系（limbic system），大脳基底核（basal ganglia）などに区分される。大脳皮質は大脳の表面部分であり，神経細胞の細胞体が密集している。いわゆる脳の高次の処理は大脳皮質においてなされている。大脳辺縁系と大脳基底核は皮質下構造（subcortical structures）と呼ばれ，脳の内部に位置している（図2.1では見られない）。進化的に古い構造で下等な動物の脳にも見られるため，よりプリミティブ（原初的）な機能を担っていると考えられている。大脳辺縁系と大脳基底核については2.4節で詳しく述べる。

〔2〕 **脊　髄**　　脊髄は脳幹と直接に接続しており，背骨（脊椎）の中を通る細長い円柱状の構造をしている（**図2.2**）。脊髄のおもな役割は，末梢神経系を介して生体の効果器（筋肉）に対して運動指令を送ることと，身体からの感覚情報を集めて脳へ送ることである。脊髄にはさまざまな反射中枢が存在し，脳を介さずに身体反応を引き起こすことができる。

〔3〕 **末梢神経系**　　末梢神経系には脳や脊髄から身体の各部位（末梢）へ伸びる神経が含まれる（図2.2）。末梢神経系は，大きく体性神経系（somatic nervous system）と自律神経系（autonomic nervous system）に分けられる。

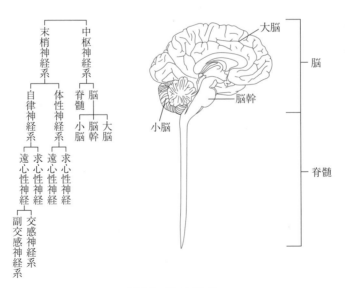

図2.2 脳神経系

体性神経系は感覚器から感覚情報を受け取ったり，筋肉を制御したりする機能を持つ。感覚情報の処理については3章および4章で，運動制御については5章で詳しく見る。自律神経系はおもに内臓の制御を行う。身体の各部位から中枢神経系へ向かう神経（感覚情報を伝える神経）は求心性神経（afferent nerve），中枢神経系から身体部位へ向かう神経（運動指令を伝える神経）は遠心性神経（efferent nerve）と呼ばれる。自律神経系の遠心性神経は，さらに機能的および解剖学的に異なる交感神経系（sympathetic nerve）と副交感神経系（parasympathetic nerve）の二つに分けられる。ほとんどの内臓器官はこの両者からの支配を受けており，それぞれの活動の相対的なレベルによって活動が制御される（拮抗支配）。一般に，交感神経系の活動は精神的な興奮を表し，心拍数の増大，気管支の拡張，瞳孔の散大，消化器系の抑制などを引き起こす。一方，副交感神経系の活動は精神的な安定を表し，心拍数の減少，気管支の収縮，瞳孔の収縮，消化器系の促進などを引き起こす。自律神経系は感情とも深く関わっている（6章参照）。

2.2　神　経　細　胞

　神経系において，情報処理および情報伝達を担っているのは神経細胞（ニューロン）である。神経細胞は多様な形態をとるが，ほとんどの神経細胞は細胞体，樹状突起，軸索，終末ボタン（軸索末端）の四つの特徴的な構造を持つ（図 2.3）。
　細胞体の中には，一般的な細胞と同じく核や細胞の生存に必要な装置が存在

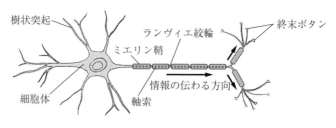

図 2.3　神　経　細　胞

している。樹状突起は細胞体から木の枝のように無数に枝分かれしながら伸びており，ほかの神経細胞からの情報を受け取る部位である。軸索は細胞体から伸びる細長い管であり，その長さは短いもので 1 mm 未満，長いものでは 1 m 以上になる。軸索はしばしば分岐し，枝分かれして細くなった末端部には終末ボタンと呼ばれる小さな丸い膨らみがある。終末ボタンはほかの神経細胞の樹状突起や細胞体の膜の上に**シナプス**を形成する。シナプスとは，神経細胞どうしの接合部位のことであり，ここで神経細胞間の情報伝達が行われる。

神経細胞は，静止状態では約 -70 mV に帯電しているが（静止膜電位），活動すると**活動電位**と呼ばれる約 $+50$ mV の電位を生じる。これが軸索を伝わって終末ボタンまで届くと，シナプスへ神経伝達物質と呼ばれる化学物質が放出される。神経伝達物質がシナプスの相手側の神経細胞の受容体と結合すると，受け取った神経細胞側で微弱な電位変化が起こり，これが蓄積してある閾値を超えると活動電位が発生する仕組みになっている。神経細胞は静止状態にあるか活動するかの二者択一の状態をとるので，脳はアナログ回路というよりはディジタル回路を形成しているといえる。このような神経細胞が大脳にはおよそ数百億個，脳全体では千数百億個存在し，巨大なネットワークを形成している。

なお，神経細胞についてより詳しく学びたい読者は，付録を参照してほしい。

2.3 大脳皮質

2.3.1 大脳の構造

〔1〕 **大脳皮質**　大脳は中央部を前後に走る大脳縦裂（sagittal fissure）によって二つの大脳半球（cerebral hemisphere）に分けられる。左右の半球間の情報伝達は脳梁（corpus callosum）を介して行われる（図 **2.4**）。大脳半球の表面は**大脳皮質**と呼ばれる一層の組織で覆われている。大脳皮質には神経細胞の細胞体が多く存在し，灰色に見えるため，灰白質（gray matter）とも呼ばれる。灰白質は細胞の分布などの特徴から，脳表面に並行に六つの層に分け

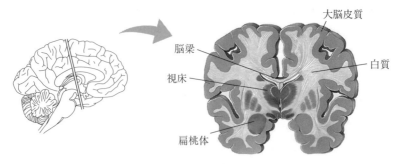

図 2.4 大脳皮質と脳梁

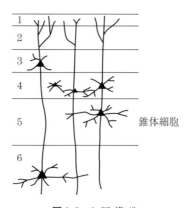

図 2.5 6 層 構 造

られる(**図 2.5**)。大脳皮質の下には神経細胞どうしをつなぐ多数の軸索が走っており,白質(white matter)と呼ばれる。

〔2〕 **回と溝** ヒトの大脳皮質は深いしわによって複雑に入り組んでいる。この溝の部分を**溝**(sulcus),平らな表面の部分を**回**(gyrus)と呼ぶ。このしわのおかげで,大脳皮質の表面積は表面がすべて平らな脳と比べて約3倍になっている。大脳半球の側面にある最も大きな溝は中心溝(central sulcus)と外側溝(lateral fissure,シルヴィウス溝)である。これらの溝により左右の大脳皮質は,**前頭葉**(frontal lobe),**頭頂葉**(parietal lobe),**側頭葉**(temporal lobe),**後頭葉**(occipital lobe)の四つの部分に大きく分けられる(図 2.1)。ま

た前頭葉と側頭葉に隠されているが，外側溝の奥側には島皮質（insular cortex）と呼ばれる部位がある（図2.6）。大脳の主要な回と溝を図2.7に示す。

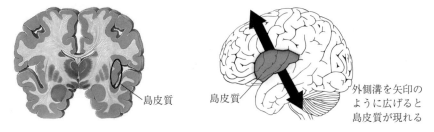

図 2.6 島 皮 質

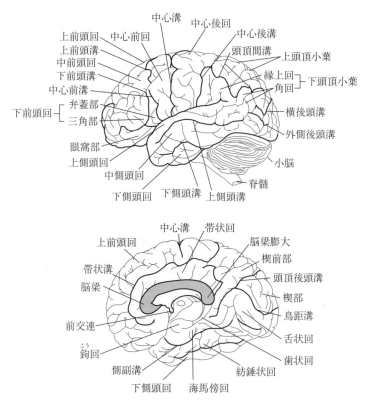

図 2.7 おもな脳部位の名称

2.3.2 ブロードマン地図

大脳皮質の6層構造は，脳部位によって層を構成している細胞の種類や分布が異なる。ドイツの解剖学者ブロードマンは，これに基づいて大脳皮質を52の部分に分け，いまではブロードマン領野（Brodmann's area）ないしブロードマン地図（Brodmann's map）としてよく知られている（**図2.8**）。この分類法は解剖学に基づくものであるが，大脳皮質の機能的な区分けともよく適合することがわかっている。例えば，ブロードマンの17野（BA17）は一次視覚野に一致する。構造が機能と密接に結びついているという事実をよく表しているといえる。

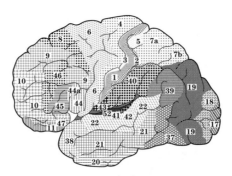

（a）左半球外側面

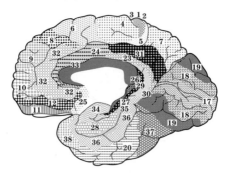

（b）右半球内側面

図2.8 ブロードマン地図

2.3.3 脳における方向の表し方

脳領野の位置関係を表す用語は決まっているので，ここでまとめておく（図2.9）。前後方向は，前方（anterior）と後方（posterior），または吻側（rostral）と尾側（caudal）を用いる。上下方向には，上側（superior）と下側（inferior），または背側（dorsal）と腹側（ventral）を用いる。人間では腹と背は前後に対応するので，この用語法はしばしば混乱する原因となるが，四つ足の動物を思い浮かべれば背と腹は上下に対応することがわかる。なお脊髄で背側，腹側という場合にはその名の通りである。左右方向には，外側（lateral）と内側（medial）を用いる。大脳縦裂（正中線）の左右半球の内壁面が内側，大脳半球の外側の面（外から見える面）が外側である。

支配する身体部位との関係を表すときには，同側（ipsilateral）と対側（もしくは反対側，contralateral）という用語を用いる。同側は左半身に対する左脳，右半身に対する右脳であり，対側は左半身に対する右脳，右半身に対する左脳

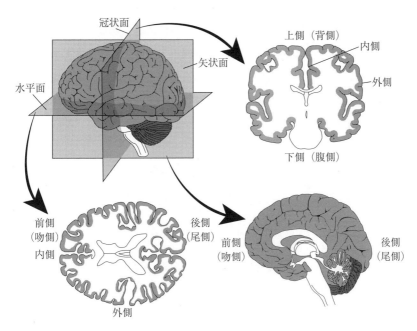

図 2.9 脳における方向の表し方

である。脳の多くの領野は対側の支配を行う。

脳の切断面についてはつぎの三つの呼び方がある。正中線に平行に切ると，矢状面（sagittal plane）となり，矢状面と直角かつ地面に垂直に切ると，冠状面（coronal plane）となる。また矢状面と直角かつ地面に水平に切ると，水平面（horizontal plane）となる。脳部位を三次元座標で示すときには，この三つの組み合わせで表すことが多い。例えばfMRI画像などでよく用いられるMNI標準座標では，$(x = -51, y = 20, z = 25)$のように表す（単位は〔mm〕）。このとき$x$座標は左右方向（右がプラス，左がマイナス），$y$座標は前後方向，$z$座標は上下方向を表す。$(0, 0, 0)$は正中断面と前交連（図2.7）の交わる点である。

2.3.4 一次感覚野と一次運動野

一次感覚野は大脳皮質内で最初に感覚情報を受け取る領域を指し，一次視覚野，一次聴覚野，一次体性感覚野などがある（**図2.10**）。一次視覚野は，眼からの視覚情報を受け取り，後頭葉の最後部から内側面にかけて存在する。一次聴覚野は，耳からの聴覚情報を受け取る側頭葉上部の小さな領域である。一次体性感覚野は中心溝のすぐ後ろに位置し，身体からの感覚情報（触覚など）を受け取る。一次体性感覚野には体部位局在性という性質があり，身体の異なる部位からの情報は一次体性感覚野の異なる領域に入力される（4章で詳述）。

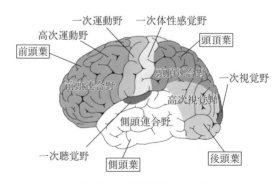

図2.10 一次感覚野と連合野

島皮質は味覚，嗅覚，内臓感覚などに関する情報を受け取っている。一方，大脳皮質の中で運動制御に最も直接的に関わっているのは一次運動野であり，中心溝のすぐ前に存在する。一次運動野にも体部位局在性があり，一次運動野の異なる領域のニューロンは，身体の異なる部位の筋肉に投射している。一次感覚野や一次運動野は，右半球が身体の左半分を制御し，左半球が右半身を制御している（交叉支配）。

一次感覚野は，感覚器官からの入力を受け取り初期の情報処理を行う。一次感覚野には以下の四つの性質がある。なお詳細については3章および4章で再度取り上げる。

(1) すべての入力を視床（脳幹の一部）の中継を介して受け取る（嗅覚のみ例外）。
(2) 感覚受容器の配置が再現できるような局在地図を形成している。
(3) 一次感覚野を損傷すると，対側の対応する部位（受容野）の感覚損失を引き起こす。
(4) ほかの皮質領野への接続は，同じ感覚情報を処理する近接の領野に限られている。

2.3.5 高次感覚野と連合野

一次感覚野は大脳皮質の中では比較的小さな領域に過ぎない。一次感覚野の周囲には高次の感覚情報処理を行う高次感覚野があり，低次の感覚野やほかの脳領野と結合している。高次感覚野は一次感覚野のような詳細な地図は持たず，より広範な位置の情報に反応する。この部位の損傷は認知・知覚異常などの高次の情報処理の障害をもたらすが，感覚刺激を検知するための初期処理能力は保存される。また一次運動野の前方には高次運動野があり，高度な運動制御を司っている。

さらにそれ以外の部分は連合野（association cortex）と呼ばれ，感覚から行動までの間をつなぐさまざまな処理を担っている（ただし高次感覚野と連合野の区別はそれほど厳密ではない）。おもな連合野には，頭頂連合野，側頭連合野，

前頭連合野があり，複数の種類の感覚情報を受け取っている（図2.10）。例えば頭頂連合野では，前部は主に体性感覚情報の処理を行うが，後部は体性感覚と視覚の統合を行い，物体の空間的位置の認知処理などを担っている。

2.4 皮質下構造

2.4.1 大脳辺縁系

大脳の内部には大脳辺縁系や大脳基底核が存在し，これらは皮質下構造と呼ばれる。辺縁系は，情動や記憶にとって重要な部位であり，海馬（hippocampus），扁桃体（amygdala），帯状回（cingulate cortex）などが含まれる（**図2.11**）。

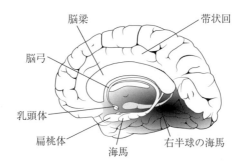

図2.11 大脳辺縁系

辺縁系の定義は研究者によって若干異なる。これはその定義が歴史とともに変遷してきたことと関係している。辺縁系の概念は，1.2.2項でも触れた失語症研究で有名なブローカが，脳幹を取り囲む環状の皮質領域を「辺縁葉」と名づけたことにはじまる。これは帯状回にある脳梁周辺の皮質と海馬を含む側頭葉内側面の皮質から構成されていた。その後，ペーペズが情動に関与する領野を提唱したが（ペーペズ回路），この回路には，辺縁葉と近辺の神経核などの構造が多く含まれていた。ブローカは機能についてはあまり触れずに解剖学的な知見から辺縁葉と名づけたが，このペーペズ回路と相まって，しだいに辺縁系という言葉で情動に関連する脳内部の領域を指すようになった。その後の研

究で扁桃体が情動に重要であることが明らかにされ，辺縁系の主要部位として数えられるようになった。

一方で，海馬は情動にはそれほど大きな役割を果たさないことがわかったいまでも，辺縁系に含まれているという状況になっている。なお，海馬は7章で見るように記憶に重要な役割を果たしている。

2.4.2 大脳基底核

大脳基底核は，尾状核（caudate nucleus），被殻（putamen），淡蒼球（globus pallidus），黒質（substantia nigra），視床下核（subthalamic nucleus）からなる（図2.12）。このうちの尾状核と被殻を合わせて線条体（striatum）と呼ぶ。大脳基底核は視床とともに大脳皮質とのループ回路を形成する。

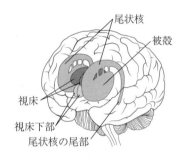

図2.12 大脳基底核

大脳基底核のニューロンは，大脳皮質のような層構造を持たず，散在している。最近の研究によって大脳皮質–大脳基底核–視床–大脳皮質のループは高度に位置特異的な投射によって実現されており，ある大脳皮質のニューロンからの投射は，基底核–視床を経由して，また同じ領域にフィードバック投射されることが明らかになっている。皮質とのループ回路は部位ごとに分かれていくつか並列に存在し，それぞれ運動，高次機能，情動や報酬などの機能に深く関わっていると考えられている[9]（図2.13）。しかしながら，その機能の多くは複雑であり未解明な部分が多い。

基底核の変異はしばしば運動障害につながることが知られている。例えばパーキンソン病は手足の硬直や運動開始の困難などを症状とするが，尾状核と

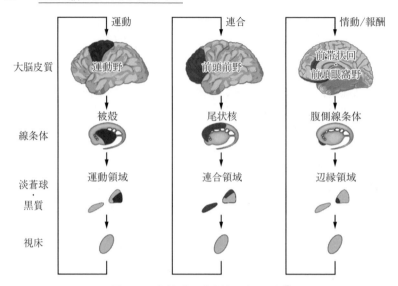

図 2.13 皮質-大脳基底核の並列回路 [2]

被殻に投射する脳幹の黒質ニューロンの変性が原因とされている（5 章で詳述）。

2.4.3 小　　　脳

小脳は，大脳半球の後下部に位置し，脳幹と接続している。小脳の大きな特徴はそのしわの細かさと多さであり，小脳皮質の表面積を著しく増加させるのに役立っている。小脳の容積は大脳の 10 分の 1 程度であるが，ニューロンの数は中枢神経系全体のじつに半数以上を占める（約千億個）。小脳は大脳と異なり，正中線で分離しておらず，虫部（vermis）と呼ばれる隆起がある（**図 2.14**）。この虫部を挟んで左右に小脳半球がある。虫部はおもに脊髄へ出力し，姿勢制御やバランスをとるのに重要な処理を行っている。一方，小脳半球は大脳運動皮質と連絡しており，手足運動に関連する機能を担っている。大脳基底核と同じく，小脳半球も大脳皮質（特に運動野）との位置特異的な並列ループ回路を形成している（5 章参照）。

小脳のおもな役割は運動制御である。小脳は視覚や体性感覚，触覚などのさ

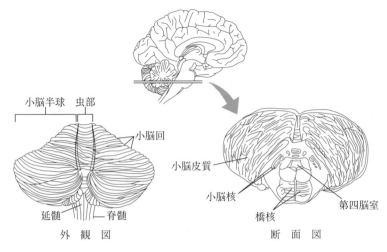

図 2.14　小　　脳

まざまな感覚情報と脳から筋肉へと向かう運動指令情報を受け取り，これらの情報を統合してスムーズな運動を行えるようにする。小脳を損傷すると，身体の動きがぎくしゃくし，特に弾道的運動（すばやい運動）の制御障害を引き起こす。例えば，膝の上に手を置いた状態から，自分の鼻の頭を人差し指で触るという動作をすばやくやらせると，小脳半球に障害のある患者は，最短経路でスムーズに鼻の頭を触ることがうまくできない。小脳はスポーツなどの運動技能の熟達学習とも深く関わっている。なお近年では，小脳と認知機能の関わりについても議論されているが，未解明な部分が多い。

2.4.4　脳　　　　幹

　脳幹は呼吸，循環，体温調節などの生命維持機能を制御する領域である。大脳や小脳が損傷しても人間は生きられるが，脳幹の損傷は死へ直結する。例えば，ドラマなどで医者が亡くなった方の眼にライトを当てて「ご臨終です」と告げるシーンがあるが，瞳孔の開閉は脳幹の司る機能であり，光を当てても瞳孔が収縮しないことを確認して，脳幹の死を判定しているのである。現在の日本での脳死判定は，脳幹の機能が維持されているかどうかによって定められて

いる。

　脳幹の最上部には，視床（thalamus）と呼ばれる左右一対の卵型の核がある（**図 2.15**）。視床は感覚神経系からの感覚情報を受け，これを大脳皮質へ中継する役割を持つ。実際，大脳皮質への情報のほとんどは視床からの入力である。例えば，視床の中の外側膝状体（lateral geniculate nucleus：LGN）は，眼球からの入力を受け，一次視覚野へ出力を送っている。視床のすぐ下には視床下部（hypothalamus）があり，自律神経系や内分泌系の制御において重要な役割を持つ。その下には，中脳（midbrain），橋（pons），延髄（medulla）があり，心臓中枢や血管運動中枢，呼吸中枢など，生命維持機能の制御を行う多数の核が存在している。

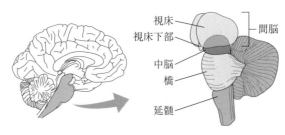

図 2.15　脳　　幹

3章 視覚

われわれが外界から情報を入手する際に最も重要な情報源は視覚である。「百聞は一見に如かず」という言葉にもあるように，視覚からは膨大かつ精緻な情報を瞬時に得ることができるが，これは脳のどのような働きによるのだろうか。本章では，視覚刺激が眼で受容されてから脳で高度に処理されていく過程について学ぶ。特にさまざまな視覚領野が階層的に連なる構造を理解することによって，われわれの持つ視覚の特性について考えていく。

3.1 視覚認知の性質

脳における視覚認知の特徴は三つある。まず第一に挙げられるのは**分割統治**（divide and conquer）の原則である。眼から入力された視覚情報は，まず線分の傾きや色などの局所的な情報として受け取られた後に，形，色，動き，奥行きなどの特徴ごとに脳の異なる部位で処理される（図3.1）。これらの処理は比較的独立して行われ，例えば動きの処理を行う脳部位に損傷を負った患者は，物体の形や色は認識できるが，動きを知覚することができなくなる。また色の

図3.1 視覚認知における分割統治

処理を行う部位を損傷すれば,世界から色がなくなる(白黒の濃淡画像のような見え方になる)。このように脳内では,視覚情報処理は機能的要素ごとに分割して行われていることがさまざまな証拠から示されている。その一方で,いまだに解決されていない重要な問題として,一度分割した要素をどのように再び統合して認識するかという**結びつけ問題**(binding problem)がある。われわれは赤い車が右から走ってくるのを知覚できるが,この「車」という形(物体)の情報と「赤」という色の情報と「右からこちらへ」という動きの情報が別々に処理された後に,どのようにして「赤い車が右から走ってくる」という一つの認識に集約されるのかは,未解明のままである。

二つ目の特徴はその**創造的性質**である。逆説的だが,視覚とは見たものをそのまま知覚することではない。むしろ足りない部分を補うように,実際に見たわけではないものを脳の中で補完しながら見ているというほうが正しい。例えば**図3.2**を見てほしい。これはカニッツァ図形と呼ばれるものだが,だれもがここに三角形を見ることができるだろう。しかしながら,よく見るとこの図形には三角

図 3.2 カニッツァ図形

形をなす線分は描かれていない。それでも三角形が見えるのは,一部が欠けた三つの円がたまたまこのように配置されているとは通常では考えにくく,むしろ三つの円の上に三角形が置いてあると考えるのが,確率論的に妥当であることによる。つまり視覚は,ある種の確率計算を自動的に行っており,われわれはこの図形に即座に三角形を知覚できる。視覚にはこのような創造性が兼ね備わっている。主観的な(実際には存在しない)線分に対する反応は,一次視覚野には見られないが,二次視覚野以降に現れる。なお,このような視覚の創造的な性質は,ゲシュタルト心理学の分野でよく調べられてきた。われわれのこのような傾向の一部は生得的であり,残りは経験に基づいた確率的学習によるものであるが,いずれも強力な知覚バイアスとして働いている。

三つ目の特徴として,視覚情報処理は物体認識に関わるものと空間認知に関わるものの二つの経路に分かれることである(**図3.3**)。物体認識に関わるのは

一次視覚野（V1野）から下側頭葉へかけての領域であり，**腹側経路**（ventral pathway）と呼ばれる。空間認知に関わるのはV1野から頭頂葉へかけての領域であり，**背側経路**（dorsal pathway）と呼ばれる。側頭葉は記憶と，頭頂葉は運動との関わりが深いので，視覚処理がこれら二つの領野へと流れていくことは，視覚の機能を考えるうえで示唆的である。視覚領野は機能分化がかなり進んで

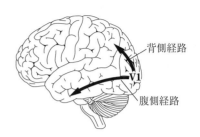

図3.3 背側経路と腹側経路

おり，低次視覚野から高次視覚野へと徐々に複雑かつ抽象的な情報を表現するように処理が段階的に進んでいく。その一方，ほとんどの経路で逆向きの投射があることもわかっており，高次から低次領野へのフィードバックの役割についても議論がなされている。

以下では視覚野の機能と構造の詳細について見ていく。

3.2 眼 か ら 脳 へ

3.2.1 眼 の 構 造

眼は光を検知する。光は電磁波の一種であり，ヒトが光として検知できるのは380～760 nmの波長の電磁波である。波長の短いほうから紫，青，緑，黄，橙と変化していき，最も長い波長のものは赤色に見える。これを少しはずれた波長の電磁波は，紫外線や赤外線と呼ばれ，眼で検知することはできない。

図3.4に眼の構造を示す。眼の外層の大部分は白色の強膜であり，そこから光が入ることはないが，前部にある角膜は透明であり，そのすぐ後方にある瞳孔を通じて光が眼の内部に入ってくる。瞳孔の大きさは周囲の虹彩が伸縮することで変化し，明るい環境では小さく，暗い環境では大きくなる。虹彩はいわゆる茶目，瞳孔はその中心にある黒目になる。瞳孔の先には水晶体と呼ばれるレンズがあり，近くにあるものを見るときには厚くなり，遠くにあるものを見

3. 視　　　覚

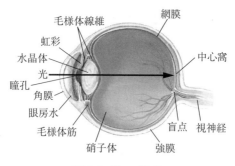

図 3.4　眼 の 構 造

るときには薄くなる。これによって光の焦点を眼の後部に広がる網膜上に合わせている。網膜には，光受容器である視細胞が存在する。

3.2.2　視　細　胞

視細胞には大きく2種類あり，その形状からそれぞれ**桿体**(かん)と**錐体**と呼ばれる（**図 3.5**）。ヒトの網膜には約 1 億 2 000 万個の桿体と 600 万個の錐体がある。数の違いに反して，視覚においてより多くの情報は錐体からもたらされる。これは，桿体は光の有無を感度よく（錐体の約 1 000 倍）検出する働きを持つのに対し，錐体は色の検出を行うことによる。網膜の中心部である中心窩は，詳細

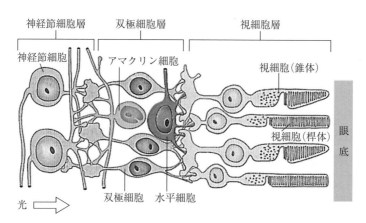

図 3.5　網膜の神経回路 [4]

な視力のほとんどを受け持ち，錐体だけが存在する．錐体には3種類あり，それぞれ赤，緑，青の光（波長）に対して最もよく反応する（**図 3.6**）．暗所では錐体は光を検知できず，桿体のみが光を検知するので，色情報が損なわれる．

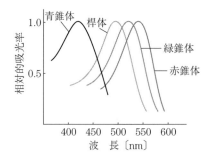

図 3.6 錐体の色感受性

視細胞は，双極細胞とシナプスを形成している（図 3.5）．双極細胞はさらに神経節細胞とシナプスを形成する．神経節細胞の軸索は視神経となって脳まで視覚情報を送っている．これに加えて，網膜には水平細胞とアマクリン細胞があり，近傍の視細胞からの情報を統合している．

網膜上で検出された視覚情報は，視神経円板に集まって視神経として中枢に送られる．視神経円板には視細胞が存在しないので盲点ができる（図 3.4）．

3.2.3 網膜でのエッジ検出処理

視覚系の神経細胞における**受容野**とは，光刺激を受け取る網膜上の領域（またはそれに対応する外界空間）を指す．網膜神経節細胞は網膜から脳へと出力する細胞であるが，その受容野は中心部と周辺部の二つの部分から構成される．受容野中心部に光刺激が当たると活動する（中心オン型）細胞は，中心部に光が当たり，周辺部に光が当たらないときに活動が最大になる．一方，中心部に光が当たらずに周辺部のみに光が当たる場合には活動が抑制される．中心部と周辺部の両方に光が当たる場合には中間程度の活動を示す．また，これと逆の性質（中心オフ型）を示す細胞も存在する（**図 3.7**）．計算論的には，これは明暗情報の差分が大きい部分の検出を行っており，すなわちエッジ（輪郭線）の抽出を行うことに相当する．このように，脳に届く前の網膜の段階で視覚処理

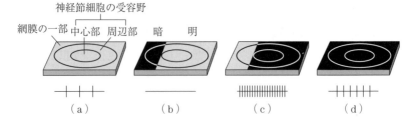

図 3.7 網膜神経節細胞（中心オフ型）の活動の様子[3]

はすでにはじまっている。

3.2.4 網膜での色識別処理

色の処理は3種類の錐体による光の受容からはじまる。1801年にヤングが赤，緑，菫（すみれ）の3色の感覚受容器があれば，すべての色が知覚できるという説を提唱した。これとほぼ同時期にヘルムホルツも同様の説を提唱し，これをヤング・ヘルムホルツの3色説という。先に述べたように色の知覚は赤，緑，青の3種類の錐体によって受容されることがわかり，ヤング・ヘルムホルツの説を裏づける結果となった。この3色は光の3原色として知られ，それぞれを違う強さで混ぜ合わせることでどんな色でも作り出せる。色覚の遺伝的障害（色盲）は，三つの錐体のうち一つでも異常をきたすと起きる。赤または緑の錐体が欠損すると，赤と緑の区別がつかなくなる。この場合，赤と緑はどちらも黄色に見えて，世界は黄から青へのグラデーションとして知覚される。この二つの錐体はX染色体上に存在するため，女性より男性のほうが欠損の頻度が高い（男性はX染色体を一つしか持たないが，女性は二つ持っているため）。青の錐体の欠損はまれにしか起こらないが（1万人に1人以下），この場合，短波長の光が見えず世界は緑と赤に見える。

網膜ではさらなる色の処理が行われる。色には反対色があるという説をヘリングの反対色説といい，赤の反対色は緑，青の反対色は黄色であるとされる。われわれは黄色っぽい緑（黄緑）とか，青っぽい赤（紫）は想像できるが，赤っぽい緑や黄色っぽい青というのは想像できない。じつはこの反対色の処理も網

膜の神経細胞で行われている．網膜にある赤オン-緑オフ型細胞では，受容野の中心に赤があると活動し，周辺部に緑があると活動が抑制される．この逆の緑オン-赤オフ型細胞や，青オン-黄オフ型細胞，黄オン-青オフ型細胞も存在する．この仕組みによって，赤と青（紫）や赤と黄（橙）を同時に検出することはあっても，赤と緑を同時に検出することはない．むしろ赤と緑の錐体が同時に活動すると，黄色が検出される（赤と緑の中間色は黄であるため）．赤と緑の錐体が同時に活性化すると，赤-緑型細胞を抑制する一方で，黄オン-青オフ型細胞を興奮させ，脳に黄色を知覚させる．

3.2.5 網膜から脳へ

網膜で検出された視覚情報は，視神経としてまとまって脳へと投射される．左右の眼からの視神経は合流し，視交叉を形成する．このときの交叉の仕方は非常に特徴的である．視野とは両眼が捉える空間の全領域を指すが，視野の中心を境に左側を左半視野，右側を右半視野と呼ぶ．視交叉では，右眼および左眼からの左半視野に関する情報が右視索に，右半視野に関する情報が左視索にまとめられる（図3.8）．これによって，左半視野の情報は脳の右半球で，右半視野の情報は脳の左半球で処理される．

視索を構成する軸索のうち約10％は中脳の上丘と呼ばれる部位に投射され，

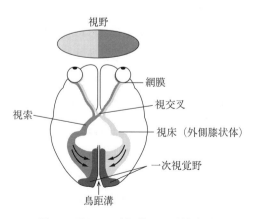

図3.8 眼から一次視覚野への神経経路

残りは外側膝状体（LGN）へと投射される。外側膝状体のニューロンからは一次視覚野へと投射される。眼から外側膝状体を経て一次視覚野へ投射される経路は意識にのぼる視覚と関わっており，この経路が損傷すると視覚障害が起こる。上丘を経由する経路は意識にのぼらない視覚情報を含んでおり，運動制御などに関与していると考えられている。

3.3 一次視覚野

3.3.1 レティノトピー

一次視覚野（V1野）は後頭葉の最後部にあり，ブロードマン17野（BA17）に対応する。大部分は大脳半球の内側面にあり，鳥距溝を取り囲んだ領域である（図3.8）。外側膝状体およびV1野には**レティノトピー**（**網膜部位局在性**）という重要な性質がある。すなわち網膜において隣接するニューロンどうしは外側膝状体およびV1野においても隣接するニューロンどうしに投射する。したがってV1野の活動パターンがわかれば，何が網膜に入力されたのかを推測することができる。V1野の下部には視野の上半分が，上部には視野の下半分が投射されている。中心窩からの情報（ブドウの粒を指で持って腕を伸ばしたときに見えるくらいの大きさ）がV1野の約25％を占めており，V1野では視野の中心部が拡大されて表現されている。

V1野内での神経細胞どうしの連絡は，ほとんどが皮質の層に対して垂直方向に行われる。したがって各層を通じてレティノトピーが保持されている。左右の眼からの入力は最初は別々であり，神経細胞はどちらか一方の眼からの入力に反応する（単眼視）。しかしそれ以外の層では，神経細胞は両眼の同じ受容野からの情報に反応するようになる（両眼視）。ただしV1野においては，両眼視ニューロンでも，どちらか一方の眼からの入力に対してより大きく反応する眼球優位性がある。両眼視ニューロンは，左右の眼からの入力が少しだけ違うときに活動が最大化する。これは両眼視差に反応しているのであり，立体視を生じさせる基礎的な情報を検出していると考えられる。

3.3.2 方位選択性とコラム構造

V1野のニューロンは，線分の方位に対して感受性がある．すなわち，あるニューロンは，ある特定の傾きの線分が受容野内に提示されたときに最も強く活動する．**図3.9**は左にやや傾いた線分に対して強く活動するニューロンの例である．同様に，あるニューロンは垂直な線分に，別のニューロンは水平に，さらに別のニューロンはその間のある傾きに最も強く活動する．このようなニューロンの性質を**方位選択性**という．近くにあるニューロンは少しだけ違う傾きの線分に対して選択性を持ち，皮質上の距離が約1mm離れると最適方位が180°変化する．V1野では，層に垂直方向にあるニューロンどうしが同じ方位選択性を持っている．同一受容野を持つこのような垂直方向のニューロン柱をコラムと呼び，V1野は**コラム構造**をしているという（**図3.10**）．

〔1〕**単純細胞と複雑細胞** 方位選択性ニューロンは，その性質からさらにいくつかに分類できる．単純細胞と呼ばれるニューロンでは，中心オン型の場合にはある傾きの線分が受容野の中心に提示されると強く活動するが，周辺

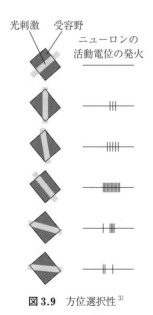

図3.9 方位選択性[3]

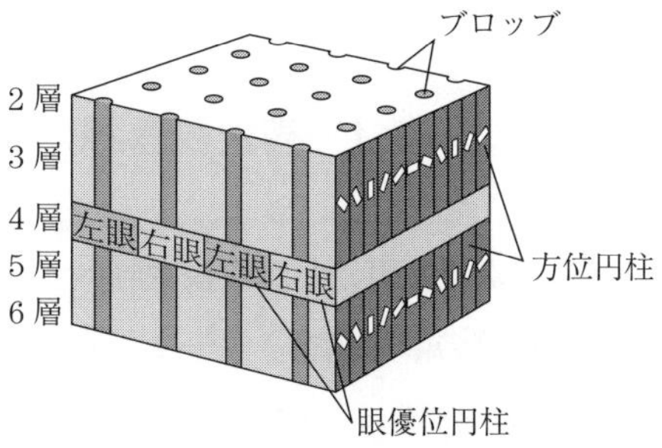

図3.10 コラム構造[3]

に提示されると逆に抑制される。中心オフ型はこれと逆の性質を示す。一方，複雑細胞と呼ばれるニューロンでは，この抑制が起こらず，受容野のどこに線分が提示されても活動が起こる。

さらにこれらの細胞のうちのいくつかは，受容野内を線分が動いたときに活動が増大し，線分の傾きと垂直方向に動いたときにしばしば活動が最大になる。例えば，**図 3.11** のニューロンは，線分が左から右方向へ動いたときに活動する。このような性質をニューロンの**運動方向選択性**という。これらの細胞は動き検出器としての機能を持っている。

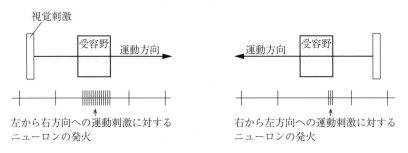

図 3.11 運動方向選択性[3]

〔2〕 **ブロブニューロン** コラムの中心には，ブロブと呼ばれる周囲とは細胞学的性質の異なる円柱が存在する（図 3.10）。ブロブニューロンは上述の単純細胞や複雑細胞とは異なる性質を示し，色に対する感受性が高い一方で，単眼性で方位選択性や運動方向選択性を持たない。このことから，ブロブニューロンは対象物の色の分析を行っていると考えられる。

3.4 高次視覚野における機能分化

3.4.1 一次視覚野から高次視覚野へ

〔1〕 **視覚野の階層構造** 一次視覚野（V1 野）から出力された情報は高次視覚野（視覚前野，有線外領野（extrastriate cortex）と呼ぶこともある）で引き続き処理される。V1 野では視野の一部に存在する線分の処理が行われた

が，高次視覚野ではこれらの情報を統合して，われわれが物体や風景を認識することを可能にしている。高次視覚野はいくつかの部位に分けられ，それぞれ機能が特化している。これらの領域は，V1野からはじまる階層構造をとり，低次の領野からの情報が高次の領野へ受け渡されていく（**図3.12**）。低次の脳領野では神経細胞の受容野は小さく，抽象度の低い（物理的に定義しやすい）情報に対して反応するが，高次の脳領野では受容野が大きく，かつ抽象度の高い情報に対して反応するようになるという傾向を持つ。

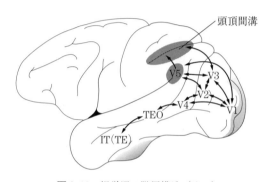

図3.12 視覚野の階層構造（サル）

〔2〕 **二次視覚野** V1野からの情報はまず隣接する二次視覚野（V2野）へと投射される（図3.12）。V2野の一部の領域はV1野のブロブ領域からの色情報を，ほかの領域はV1野のブロブ外領域からの方位や動き，両眼視差の情報を，それぞれ受け取っている。V2野ニューロンの受容野はV1野ニューロンの受容野の数倍であり，複数のV1野ニューロンからの情報を受けていることがわかる。さらに受容野内の異なる場所でしばしば異なる方位選択性を示す。おそらくこれらのニューロンは，より複雑な形状の検出をしていると考えられる。

3.4.2 色の知覚

高次視覚野の一部を損傷すると，視力の低下を生じることなしに，色覚が消失することが知られている（皮質性色盲）。ちょうど白黒の映画のようなもの

であり,色の知覚が形や動きの知覚とは独立していることを示している。また,これは3.2.4項で述べた錐体欠損による色盲のケースとは症状が異なることに注意してほしい。

V2野の色感受性ニューロンからは隣接する四次視覚野（V4野）と呼ばれる領域に投射がある（図3.12）。V4野のニューロンは，V1野やV2野の色感受性ニューロンよりも，もっとさまざまな色（赤，緑，青，黄以外の色を含む）に対して選択性がある。さらに，V4野ニューロンには，特定の色の線分が特定の傾きのときに反応するものもある。したがってV4野では色だけでなく，形の処理も行われていると考えられる。V4野の損傷では，色覚の低下は起こるが，色の弁別がまったくできないということは起こらない。サルでは，V4野のすぐ前にある下側頭葉皮質後部（TEO野）の損傷は色の弁別に重度の障害を引き起こすことが報告されている。ヒトでは八次視覚野（V8野）と呼ばれる領野（舌状回と紡錘状回を含む側頭葉の領域）がTEO野に対応しており，V8野の損傷によって，皮質性色盲が生じることが確認されている[10]。

3.4.3 形 の 知 覚

視覚対象の形の知覚は，下側頭葉（IT野）へと至る一連の視覚領野で行われている。サルでは，IT野はおもに後部のTEO野と前部の下側頭葉皮質前部（TE野）の二つに分けられる（図3.12）。TE野のニューロンは，点や線分などの単純な刺激にはあまり反応しないが，特定の複雑な刺激（例えば「手」など）に対して反応し続ける。下側頭葉のニューロンの反応性は学習の結果であり，何度も見たことのある物体に対しては反応するが，なじみのない刺激には反応しない。また，下側頭葉のニューロンの受容野は一般に広く，TEO野の受容野はV4野よりも広い。TE野に至ってはしばしば対側を含めた視野全体に広がっている。下側頭葉では物体の形と色の統合も行われ，三次元的構造の知覚が行われる。

図3.13はサルの下側頭葉ニューロンの反応の様子である[11]。このニューロンは，手の形をした図形であれば手のひらが上向きでも下向きでも，右向きで

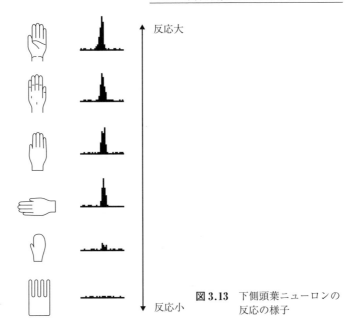

図 3.13 下側頭葉ニューロンの反応の様子

も左向きでも反応を示す。しかしながら，手と似ているが違うものに対しては反応しない。下側頭葉の多くのニューロンは，このような複雑な形に対する反応選択性を持ち，いくつかの共通する特徴に反応するニューロン群がコラム構造を形成している。また一つの刺激は複数のコラムを活性化することができ，下側頭葉はある種のネットワーク表現を有しているとも考えられる。

3.4.4 動きの知覚

側頭葉内側と頭頂葉の境界にある五次視覚野（V5 野，中側頭視覚領野（MT 野）ともいう）と内側上側頭野（MST 野）は，物体の動きに感受性があることが知られている（図 3.12）。一部の V1 野ニューロンは V2 野を経由せずに V5 野へ直接投射している。そのほかに，高次視覚野からの入力も受けている。また中脳の上丘からの投射もある。これらの V5 野への投射は軸索が太く，信号を速く伝達することがわかっている。実際に，サルの脳の V4 野ニューロンと V5 野ニューロンでの視覚刺激提示から活動までの時間を計ると，V5 野の

ほうがV4野よりも速いことがわかる。

〔1〕**運動盲**　ヒトでは，左右両側のV5野を損傷することによって動きが知覚できなくなる（**運動盲**（akinetopsia））。このような患者にとって，世界は写真が断続的に提示されるようなものとなる。例えば，自動車が遠くにいる様子が見えたつぎの瞬間には自分の目の前にいるという具合に，その速度を判断することができず，信号のないところで通りを横断することなどは自殺行為に等しい。またグラスに水を注ぐときも，水位の動きが知覚できず，水があふれてテーブルにこぼれてしまうこともしばしばである（**図3.14**）。このように，物体の動きの認識には著しい支障が見られる一方で，物体の形や色の認識は問題なく行える。したがって，この患者の障害は視覚的な運動知覚に限られている。なお，運動盲は左右両側のV5野を損傷した場合にのみ起こり（非常にまれなケースである），片半球のV5野損傷だけでは起こらない。

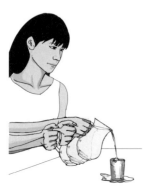

図3.14　運　動　盲

〔2〕**オプティックフロー**　オプティックフローとは，われわれが環境の中で動き回ったりするときに，正面以外の物体が相対的に動いて見えることをいう。例えば，前方に歩くと右脇に置いてあるイスは視野の右下方向へと相対的に移動する。オプティックフローの分析は，自分の向かっている方向の把握や障害物回避に重要である。V5野の損傷は，動き知覚には問題がない場合でも，オプティックフローの認識に障害をきたすことがある。

3.5　腹側経路と背側経路

前節で見てきたように，二次視覚野以降の視覚野は機能分化が進んでいるが，これらの領野は大きく分けて二つの経路上に位置していると考えられている（図3.3）。一つは腹側経路であり，一次視覚野からほぼ水平方向へ進んで下側

頭葉へと至る。もう一つは背側経路であり，後頭頂葉へと上行する。腹側経路は色や形の情報を受け，それが何であるか（what）の処理をしている。一方，背側経路は空間的位置や動きの情報を受け，それがどこにあるか（where）の処理をしていると考えられている。

3.5.1 腹側経路

　腹側経路は物体の認識に関わっており，経路の先に進むに従って高次の視覚的特徴に反応するニューロンが出現する。これまで見てきたように，一次視覚野では線分などの基本的特徴に反応していたのが，二次視覚野以降の高次視覚野へ経路が進むにつれて四角や円に反応するようになり，側頭葉のニューロンではコップや顔などに対して選択的に反応する。

　ヒトでの物体知覚については，損傷患者に関するいくつかの報告がある。下側頭葉に損傷を受けると，物体の細部の特徴（線の形や色など）がわかるにも関わらず，その物体が何かを視覚的に認識できない**視覚失認**（visual agnosia）という障害が起こる。興味深いのは，その物体が動いているところを見たり，実際に手に取ったりすれば，それが何かが即座にわかる場合があることである。これはその物体についての記憶が失われているわけではなく，視覚以外の情報や視覚の動的な側面の情報があれば，その記憶を賦活して物体の同定ができることを示している。

〔1〕**知覚型視覚失認と連合型視覚失認**　視覚失認は大きく二つのタイプに区別される。一つは知覚型視覚失認（apperceptive visual agnosia）であり，もう一つは連合型視覚失認（associative visual agnosia）である[12]。知覚型視覚失認は下側頭葉後部の損傷で見られ，右半球損傷患者に多く見られる。この患者の視力は比較的良好であるにも関わらず，提示された二つの図形を比較する課題や，一部が欠けた不完全な絵や一般的ではない視点からの物体の見え方を提示して識別させる課題が遂行できない（図3.15）。また絵や文字を模写する能力も失われている。ただし物についての知識は保たれており，物の名前が与えられれば正しい定義を述べることはできる。このことからこの患者では，

　　　（a）不完全図形課題　　　　　　　（b）非典型視点課題

図 3.15　不完全図形課題と非典型視点課題

物体の記憶が失われているわけではなく，視覚的に複雑な特徴を全体として統合する能力に障害を受けていることがうかがえる。

　一方，連合型視覚失認は下側頭葉前部の損傷で見られ，左半球損傷患者に多い。連合型視覚失認では絵を模写したり，物体ごとに色を塗り分けたりといった課題は難なくこなせるが（知覚型視覚失認患者にはできない），その物体の名称を答えることができない。また**図 3.16**のような，物体の機能的な等価性を答えさせる課題にもパスすることができない。このことから連合型視覚失認では，視覚情報の感覚表現は正常に保たれているが，それを意味的・機能的内容と関連づける能力が失われていると考えられる。これらの症例から，物体認識は，まず視覚情報の部分から全体（物体）への知覚的統合がなされたうえで，その意味的・機能的な連関が形成されると考えられる。

図 3.16　機能的マッチング課題

〔2〕そのほかの脳損傷障害　　また脳損傷患者に関する知見として，左半球の頭頂葉（角回）を損傷すると，物体認識は行えるが字を読むことができなくなること（読字障害）や，紡錘状回と呼ばれる側頭葉の底面部を損傷すると，顔だけが認識できなくなる相貌失認になることもよく知られている（9章参

照)。これらの症例は,文字や顔などの特殊なカテゴリーの情報は腹側経路の特定の脳部位で処理され,それ以外の場合には下側頭葉へ情報が送られ,物体認識が行われることを示唆している。

〔3〕 **おばあちゃん細胞説とネットワーク説**　物体認識に関する大きな疑問として,物体の形はどれほど細かく分類され,表現されているのか,というものがある。例えば自分のおばあちゃんにだけ選択的に反応するニューロンは腹側経路上に存在するのだろうか。同じように,黄色のフォルクスワーゲンやエッフェル塔だけに反応するニューロンもあるのだろうか。このような特異な反応選択性を示すニューロンが存在しているとする仮説を「おばあちゃん細胞説」という。これは上記の特性を示す「おばあちゃん細胞」を頂点として,その視覚的特徴を一次視覚野へ至るまで段階的に分解していく階層的なニューロン構造を想定している。しかしながら,この説はいくつかの理由からありそうにないと考えられている。(1) おばあちゃん細胞が死んでしまうとおばあちゃんが突然認識できなくなることになるが,そのようなことはあまり起こりそうにない,(2) 新しい物体を認識できるようになることがうまく説明できない,(3) おばあちゃんも時間とともに外見が変化しているが,それに対する適応について説明できない,(4) 側頭葉のニューロンが複雑な形に対して特異的に反応するとはいえ,その特異性は比較的緩く,似たような形に対してもある程度の反応を示す,などの反論がある。おばあちゃん細胞に対抗する仮説として「ネットワーク(アンサンブル)説」があり,おばあちゃんの「顔」「髪型」「眼鏡」「服装」などそれぞれに対して反応するニューロンのすべて,またはその一部が活性化することでネットワークが形成され,この同時的な活動(アンサンブル)によっておばあちゃんを認識するという説である。ネットワーク説は部分の知覚から全体としての統合認知へという結びつけ問題の解決の糸口として有力な考え方であり,さらなる実験的検証が望まれる。

3.5.2　背側経路

背側経路は動きと空間の知覚に関わっている。動きの知覚は前述の通り五次

視覚野で行われており，物体の空間位置の知覚は頭頂葉で行われていると考えられている。例えば，サルに餌を入れた容器を選ばせる課題において，容器の蓋の模様で餌がどちらに入っているかがわかる場合（物体知覚）と容器の位置（右または左）でわかる場合（空間知覚）の2条件を用意する。訓練をすればサルはどちらの課題もクリアできる。ところが下側頭葉を切除すると，空間知覚課題はクリアするものの物体知覚課題ができなくなる。逆に後頭頂葉を切除したサルは空間知覚課題はできないが，物体知覚課題はできる[13]。ヒトでの脳機能イメージング研究においても同じような結果が得られており，物体認識課題では側頭葉が，空間位置把握課題では頭頂葉が強く活動する[14]。これは物体知覚と空間知覚の二重乖離を表しており，腹側経路が物体知覚，背側経路が空間知覚に重要な役割を果たしていることを示している。

〔1〕 **背側経路と運動制御**　グッデールらは，腹側経路と背側経路は「何」と「どこ」の経路というよりも，「何」と「いかに（how）」の経路であるという主張を行っている[15]。頭頂葉の視覚関連皮質は前頭葉にある運動関連領野と密な連絡があり，単に空間の視覚認識を行うというよりは，視覚情報を用いた運動の制御，すなわち眼球運動や到達運動（手を物体へ伸ばす運動），把持運動（手で物体をつかむ運動）などの制御に深く関わっている。例えば，頭頂葉を損傷すると，視覚誘導性の運動障害（視覚性運動失行，optic ataxia）が起こることが知られている。この患者は，物体が何であるかをいうことはできるが，その物体を手でつかむことができない。逆に腹側経路に障害のある視覚失認の患者は，物体の名前はわからないが，それを手でつかむことはできる。

〔2〕 **盲視**　興味深いのは**盲視**（blindsight）と呼ばれる症例である。一次視覚野を損傷すると，意識的な視覚経験が失われる。しかし，そのような患者に物体を提示し，その位置を当てずっぽうでよいから指し示すように教示すると，かなり正確に当てることができる。1992年の実験においてグッデールらは，郵便ポストのような切れ込みを適当に回転させて提示し，患者にはハガキのような紙片を渡した（**図3.17**）。患者はその物体に対する意識的な視覚経験がないので，切れ込みの向きについて口頭で答えることはできなかった。ま

（a）明示的マッチング課題　　　　　（b）実　行　課　題

図 **3.17**　盲　　　視[1]

た，ハガキの向きをその切れ込みの向きと合うようにその場で回転させるよう指示すると，その成績は著しく低かった（明示的マッチング課題，図（a））。しかしながら，つぎにそのハガキを切れ込みに実際に差し込むように指示すると，今度は正確にすばやく挿入することができた（実行課題，図（b））。このことは物体を意識的に認識するシステムと，その物体に対して何らかの行為を行うシステムは別々であることを示している。頭頂葉における視覚から行為へと導く処理は，意識的な視覚経験がなくても遂行されうるのである。これは 3.4.4 項で述べたように，上丘からの皮質下の視覚入力が五次視覚野や頭頂葉へ直接向かうことと大きく関係していると考えられる。腹側経路が物体認識のための視覚情報処理を行い，背側経路が運動のための視覚情報処理を行っているというグッデールらの考え方は，十分な説得力を持っているといえる。

4章 視覚以外の感覚

個体が環境内でうまく立ち振る舞うためには，環境の状態を的確に把握しておく必要がある。このために脳は環境および身体の状態に関する情報を種々の感覚を通じて得ている。3章では視覚について学んだが，本章ではそれ以外の感覚ではどのような環境の状態がどのように検出されるのか，またその情報がどのように処理されるのかを学ぶ。これによって，われわれの生きている「世界」が脳内でどのように表現されているのかについて考える。

4.1 感　　　　覚

4.1.1 感覚とは何か

われわれの認知は感覚に基づいている。しかし，われわれはどのようにして感覚情報を世界から得ているのだろうか。

おそらく多くの人々は，特に何の疑問も抱かずに，われわれは世界を「そのまま」知覚していると考えるだろう。しかし哲学者のカントはこのような素朴な考え方を批判し，「純粋な」理性の存在を否定した。カントは，われわれの知覚は眼や耳などの感覚器による制約を受けており，われわれの構成する知識（＝世界）もあらかじめ感覚器による制限を受けた範囲のものでしかないと主張した。例えば，われわれが見ることのできる光はおよそ380～750 nmの波長の電磁波であり，それよりも短い波長（紫外線）も長い波長（赤外線）も直接眼で見ることはできない。同様にわれわれに聞こえる音は20～20 000 Hzの空気の振動であり，それ以上の周波数の振動は超音波と呼ばれ，われわれが聞くことはできない。これがヒト特有の制約だということは，例えばイルカやコ

ウモリは超音波を聞くことができるといわれればわかるだろう。

このように，すべての感覚はそれぞれの受容器の性質によって，感知できる情報の幅に関する制約を受けている。われわれの「世界」はこのような限られた情報から構成されたものにすぎないという観点を持つことは有益である。その一方で，これらは人間がこれまで生き延びるのに十分な情報であったということもまた真である。感覚とわれわれが呼んでいるものがどのような情報なのか，本章で詳しく見ていこう。

4.1.2 感覚受容器

われわれの脳はどのようにして感覚を受け取ることができるのだろうか。われわれは，いわゆる五感，すなわち視覚，聴覚，嗅覚，味覚，触覚を通じて，外界からの情報を受け取るといわれる。実際には五感以外の感覚もあり，例えば平衡感覚や体性感覚，内臓感覚などがある。これらはそれぞれ，光，音波，化学物質，物理的接触などの物理的・化学的信号であるが，これらの信号を神経系の信号，すなわち電気信号に変換することによって，脳は感覚情報を受け取っている。この役割を担うのが**感覚受容器**である。感覚受容器は，ある特定の物理的事象を検知することに特殊化した神経細胞であり，それぞれの受容器は受け取る刺激の種類が厳密に区別されている。受容器が受け取る刺激の種類を**適刺激**という。例えば3章で学んだ視細胞の適刺激は光である。

適刺激が感覚受容器に与えられると，受容器はさまざまな仕組みで自らの電気的な状態を変化させる（**受容器電位**という）。つまり感覚受容器は感覚事象を電気的信号に変換する神経系の入力装置であるといえる。受容器電位は，神経細胞における活動電位とは異なり，連続的に変化する（**図4.1**）。感覚受容器の多くは軸索を持っておらず，細胞膜の一部がほかの神経細胞の樹状突起とシナプスを形成している。受容器電位が閾値を超えると，接続している神経細胞に活動電位が発生する。刺激の強さは神経細胞の活動電位の発生頻度に影響を与え，強い刺激ほど神経細胞の発火頻度が増加する。

感覚受容器の一つの性質として，刺激が持続的に存在すると反応が減衰して

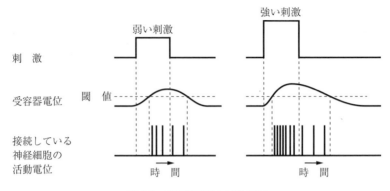

図 4.1 受容器電位と活動電位

しまう，つまり受容器電位が発生しなくなってしまうことが挙げられる。この現象は**順応**と呼ばれる。例えばヒトでは，嗅覚は順応が速い感覚であり，嗅覚受容器はおよそ 1 分以内ににおい物質に対して慣れてしまう。一方，体性感覚（身体の姿勢などの検知）などは比較的順応が遅い感覚である。感覚受容器の順応は，生命体がおもに環境の変化に対して反応することが重要であったため，恒常的に存在する刺激への情報処理コストを削減するために進化的に採用された手段だと考えられる。

以下ではそれぞれの感覚について詳細に見ていく。

4.2 味　　　覚

味覚は環境内の化学物質を識別するという役割を担っており，特にその物質を食べることが個体にとって有益か否か（食料源なのか毒なのか）の判断を行うために進化してきたといえる。例えば，われわれは基本的に甘味を感じる物質を好み，苦味を感じる物質を好まない。これは甘味を感じる物質の多くは個体にとっての栄養源となり，苦味を感じる物質には毒となるものが多いことと関係している。ただしこの傾向は修正可能であり，われわれはコーヒーやビールなど苦いものを好きになったりもする。また体内に必要な栄養素が欠乏する

と，それらを取り込もうとする能力も備わっている。疲れると塩辛い物や甘い物を食べたくなるのはその一例である。

われわれが識別できる基本味は，塩味，酸味，甘味，苦味，うま味の5種類である。うま味は調味料として用いられるグルタミン酸モノナトリウムの味であり，日本語がそのまま英語（umami）になっている。グルタミン酸は体内の重要なアミノ酸であり，うま味はアミノ酸を豊富に含む食物を検出するために発達してきたと考えられる。味に対して風味とは味覚と嗅覚の混合を指す。われわれがさまざまな食べ物の風味を楽しめるのは，おもに嗅覚に依存している。例えば鼻をつまみながらタマネギをかじると，しばしばリンゴと区別がつかなかったりする。

舌，口蓋，咽頭，喉頭には味を感じる味覚受容器が存在し，50程度の味覚受容器が集合して味蕾を形成している（**図4.2**）。舌の表面には乳頭といわれる小さな突起があり，受容器の大半は乳頭を取り囲むように並んでいる。受容器はそれぞれの基本味に対応する5種類があり，化学物質の検出機構はやや異なる。例えば塩味受容器は，単純にNa^+（ナトリウムイオン）を受容する（食塩はNaClである）。Na^+はプラスイオンであるのでNa^+の増加によって受容器電位が上がり，それによって神経伝達物質が求心性神経細胞へ放出される仕組みになっている。ほかの味についても，多少複雑にはなるが基本的にはほぼ同様の仕組みで化学信号が電気信号へと変換されている。

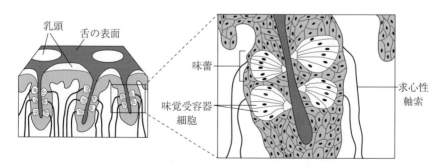

図4.2 味蕾と味覚受容器

味覚情報は，味蕾から発して一次味覚神経線維を通って脳幹の味覚核に入り，視床を介して大脳皮質の島皮質前部と前頭弁蓋の境界にある一次味覚野に到達する（**図4.3**）。味の意識的体験はおそらく大脳皮質を介して起こる。例えば脳卒中などによる視床や味覚野の損傷は，同側の無味覚症（味覚の喪失）を引き起こす。また味覚核からは脳幹のさまざまな領域にも投射があり，これらは嚥下，唾液分泌，消化，呼吸，摂食意欲などの基本的生理機能に関与している。

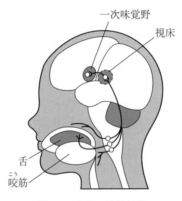

図4.3 味覚の神経処理

4.3 嗅　　覚

嗅覚は食物の同定や有害なもの（腐った食物など），有害な場所（煙のにおいなど）の検知に役立つ。ヒトにおける重要性はまだよくわかっていないが，多くの動物にとって嗅覚を介した個体間の伝達は重要である。これは身体から放出されるフェロモンと呼ばれる化学物質によって実現されており，生殖行動や縄張りの誇示，個体の特定などの社会的行動に利用されている。さらにヒトにおいて嗅覚はある種の特別な力を持っており，強い感情を引き起こしたり，遠い昔の記憶を呼び覚ましたりする。これは後述するように，嗅覚情報がほかの感覚と違って，視床を介さずに脳のほかの部位へ投射される経路を持つこと

と関連しているのかもしれない。

嗅覚は鼻腔の天井にある嗅上皮で受容される（**図4.4**）。ヒトの嗅上皮の表面積は $10\,cm^2$ 程度であるが，ある種のイヌでは $170\,cm^2$ 以上もある。鼻を通して息を吸うと，鼻腔に入り込んだ空気のごく一部が嗅上皮を通過する。嗅上皮は粘液で覆われており，におい物質はこの粘液に溶解する。嗅覚受容細胞は嗅球と呼ばれる中枢神経系から直接嗅上皮まで伸びており，そこから線毛を粘液層へ行き渡らせている。線毛にはにおい物質受容器が存在し，粘液に溶け込んだにおい物質と結合する。ヒトは数千の異なるにおい物質を識別することができるので，多くの種類のにおい受容器が存在すると考えられる。実際，におい受容器をコードしている遺伝子は約350個あるといわれる（げっ歯類では約1 000個ある）。

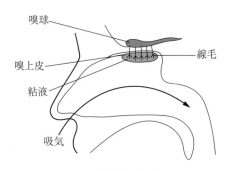

図4.4 嗅覚受容器

嗅覚受容細胞のにおい物質受容器ににおい物質が結合すると，受容器電位が発生する。この受容器電位が細胞体の活動閾値を超えると活動電位が発生し，軸索を通って中枢神経系（嗅球）へと送られる。嗅覚反応は比較的速く終結する。これは粘液内の酵素がにおい物質を分解することと，4.1節でも述べたように，受容器がにおい物質に対して約1分以内に順応してしまうためである。

嗅覚以外のすべての感覚は，大脳皮質に投射される前にまず視床を通過するが，嗅球からの出力には，視床を介さずに脳内のいくつかの部位に直接投射を

行うものがある。最も重要な標的は嗅皮質（海馬傍回の前部と鉤回の一部を含む領域。梨状皮質ともいう）およびそれに隣接する側頭葉の部位である（**図4.5**）。この投射は，においの弁別，動機づけ，記憶に用いられると考えられている。別の重要な経路は，嗅球から嗅結節を介して視床へ入り，そこから前頭葉の眼窩野へと投射される経路である。この投射はにおいの知覚や感情の生起に関連していると考えられる。大脳皮質における嗅覚の情報処理はまだよくわかっていない部分も多く，これからの研究が期待される。

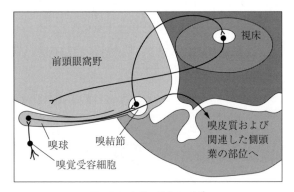

図 4.5　嗅覚の神経回路 [3]

4.4　聴　　　覚

4.4.1　音　の　性　質

音は人間にとって重要な情報源である。音は周囲の環境の状態や変化を検知するためだけでなく，言語を介した他者とのコミュニケーションにも欠かせない。物体が振動すると周囲の空気が疎になったり密になったりを繰り返し，空気の振動が生じる。この振動が1秒間に 20～20 000 回（周波数が 20～20 000 Hz）の範囲であれば，人間の耳は音として検知することができる（**図4.6**）。知覚される音の高さは**ピッチ**と呼ばれ，周波数によって決まる。高い音は周波数が高く，低い音は周波数が低い。例えば標準的なピアノの一番低い音

4.4 聴　　　覚　　51

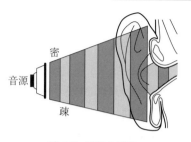

図 4.6　音波の受容

は 27.5 Hz になっている。音の大きさ（強度）は，密になった空気と希薄になった空気の圧力の差（振幅）で決まる。物体が激しく振動するほど大きな音となって聞こえる。**音色**とは，アコースティックギターや船の汽笛など，特定の音の持つ独特の響きを指す。ほとんどの自然音はさまざまな周波数成分の合わさった複合音であり，周波数成分の構成の違いが音色の違いとして知覚される。例えば同じピッチの音符を演奏しても楽器によって音色は異なる。

4.4.2　耳の構造と聴覚受容器

耳の構造を**図 4.7** (a) に示す。音は耳介（外耳）によって集音され，外耳道

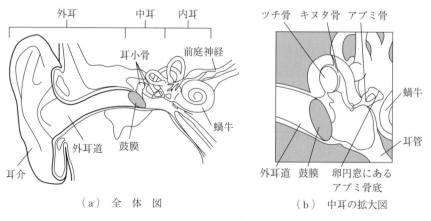

(a) 全 体 図　　　　　　　　(b) 中耳の拡大図

図 4.7　耳 の 構 造

を通って鼓膜を振動させる。耳介の折れ曲がった構造は，音がどの方向からくるかを知ること（音源定位）に役立っている。鼓膜の内側（中耳）には，振動を増幅して蝸牛（内耳）に伝える役目を持つ耳小骨（ツチ骨，キヌタ骨，アブミ骨の三つ）と呼ばれる骨がある（図(b)）。耳小骨は，てこの原理で鼓膜の振動を蝸牛への強い圧力へと変換する。これは鼓膜の表面積に比べて，耳小骨が蝸牛に触れる面積（卵円窓）が十分に小さいことによる。

　蝸牛はその名の通り，カタツムリの殻のようならせん構造をしている。蝸牛の内部には，基底膜と呼ばれる膜が基底部から先端部まで伸びており，聴覚受容細胞がこの上に存在する（**図 4.8**）。音刺激によって蝸牛の卵円窓が圧迫されると，音の周波数に応じて基底膜の特定の場所がたわむ。高周波は蝸牛の入口近くの基底膜を振動させ，低周波は基底膜の先端部を振動させる。この振動を基底膜上にある聴覚受容器が感知することによって，音の高低を符号化することが可能になっている。

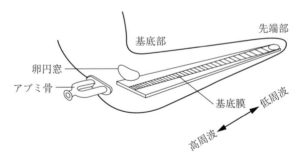

図 4.8　蝸牛の基底膜（伸ばした様子）

　聴覚受容器によって感受された聴覚情報は，聴神経を通ってまず脳幹（延髄）にある蝸牛神経核に入る。そこから上オリーブ核などいくつかの経路を経て中脳の下丘に収束し，さらに視床を介して大脳の一次聴覚野へ投射される（**図 4.9**）。

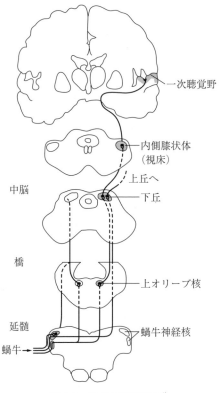

図 4.9 聴覚の神経経路[2)]

4.4.3 音源定位

ヒトを含め多くの動物には耳が左右に一つずつある。左右の耳に音が届く時間には差が生じるので，この情報を用いて音源の水平位置を定位することが可能になる。脳幹にある上オリーブ核には，この両耳間時間差を表現する地図が存在する。右耳の蝸牛からの神経発火と左耳の蝸牛からの神経発火は，蝸牛神経核を経由して上オリーブ核のニューロンへ入力される。このニューロンは左右からの情報を図のように時間的に逆向きに受け入れるような配列構造をしており，左右両方からの入力が同時に得られたニューロンが発火するようになっている（**図 4.10**）。これによって，これらのニューロン群は両耳間位相差をマップしていることになり，水平方向の音源定位のための重要な情報を提供している。

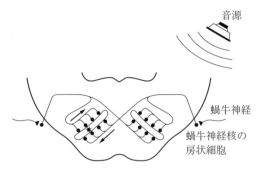

図 4.10 上オリーブ核における音源定位のメカニズム[2]

すべての脊椎動物において，下丘は聴覚処理の重要な位置を占める。脳幹を通るすべての聴覚路は下丘に収束する。下丘では両耳間位相差にさらに両耳間音圧差などの情報が統合され，より精緻な音源定位が行われる。この情報は上丘へと投射され，視覚空間地図や体性感覚地図と統合される。最終的には一次聴覚野，聴覚連合野を経て，注視制御に関わる前頭眼野に至り，音源方向への視線移動などの行動が可能となる。

4.4.4 大脳皮質における聴覚処理

皮質の聴覚経路は下丘に起源し，視床を経由して一次聴覚野へ投射される。一次聴覚野への主要な情報は対側から受けるが，同側からの情報も受け取っており，一方の聴覚野を損傷しても驚くほど正常な聴覚機能が保存される。聴覚経路上では蝸牛の基底膜における周波数地図が保存されており，一次聴覚野には**周波数地図（トノトピー，tonotopy）**が表現されている（図 4.11）。

一次聴覚野はコア領野とそれを取り囲むベルト領野からなる。ベルト領野はコア領野と視床からの入力を受ける。ヒトの一次聴覚野は，外側溝の内側にあるヘシュル回（Heschl gyrus）にある。純音はコア領野を賦活させるが，ベルト領域のニューロンはより複雑な音に対して活動する。

高次聴覚野はおもに二つの経路に分けられ，一次聴覚野から側頭葉前部を経由して前頭前野へ向かう腹側経路と，側頭葉後部や後部頭頂葉を経由して前頭

4.4 聴　　　　覚　　55

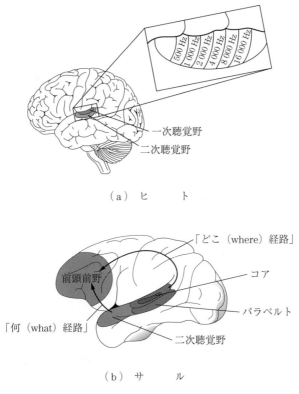

図 4.11　皮質聴覚野

前野へ向かう背側経路がある。視覚の腹側経路と背側経路の場合と同じように，聴覚の場合も腹側は「何（what）」経路，背側は「どこ（where）」経路と考えられている。例えば，音源が何かを判断させたり，ピッチを分析させたりするときには腹側経路が活性化するが，音源の位置を判断させたり，音源が動いたりするときには頭頂葉などの背側経路が活動することが示されている。

4.5 体性感覚

体性感覚は，物体の肌触りや温度，身体の痛み，身体の各部分の姿勢や動きを感知することを可能にしている。体性感覚系の特徴は，受容器が全身に分布していることと，単一の感覚ではなくいくつかの感覚から構成されていることである。広義の体性感覚は，視覚，聴覚，嗅覚，味覚を除いたすべての感覚を指す用語として用いられる。狭義の体性感覚は，この四つに加えて，平衡感覚と内臓感覚を除いたものを指す。狭義の体性感覚はさらに大きく二つに分類でき，一つは触覚，温度感覚，痛覚などの皮膚感覚，もう一つは筋や腱，関節など運動器官に起こる深部感覚（自己受容感覚）である。

4.5.1 体性感覚受容器

体性感覚系の受容器の多くは機械受容器である。機械受容器は，曲げられたり伸ばされたりするなどの物理的ゆがみに対して感受性がある。皮膚には多くの機械受容器が存在し，おもに触覚を引き起こす。最も大きくかつよく研究されているのがパチニ小体であり，ほかにルフィニ小体，マイスナー小体，メルケル盤などがある（図 4.12）。それぞれの機械受容器は，刺激への順応速度や

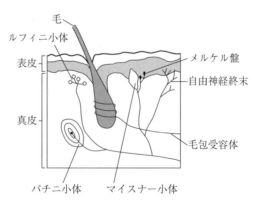

図 4.12　皮膚にある多数の体性感覚受容器

刺激を受け取る皮膚領域の範囲（受容野）の大きさに違いがある。また感受性のある刺激頻度や圧力にも差がある。例えばパチニ小体は 200〜300 Hz の振動に最もよく反応するが，マイスナー小体は 50 Hz の振動に反応する。自由神経終末には，皮膚表面の直下にあって温度変化や痛みに反応するものや，毛穴の基幹部や毛幹に絡み付いて毛の動きを検出するものなどがある。多くの機械受容器は刺激の変化に対して敏感に反応し，恒常的な刺激に対しては比較的速い順応を示す。

　温度受容器は，皮膚にまばらに存在している。皮膚上のごく小さな領域（1 mm 四方）を温刺激または冷刺激すると，いくつかの領域はどちらかに対してのみ反応するが，ほかの領域はどちらにも反応しない。温刺激と冷刺激の両方に反応する領域がないことは，それぞれが別の受容器によって受け取られることを意味している。温度受容器の中には化学物質に反応するものもあり，例えばメントールは冷感受容器を活動させる。メントールの清涼感はこのためである。温度受容器も機械受容器と同様に長く続く刺激に対して順応を示す。皮膚の温度を数度下げると，冷たさを感じるのは最初だけで，すぐに冷たさを感じなくなる。温度が元に戻ると今度は温かさを感じる。つまり温度が下がると冷感受容器の感度は鈍り，温感受容器の感度が上がる。逆に温度が上がると温感受容器の感度が下がり，冷感受容器の感度が高くなる。このように，温度感覚は相対的な変化が知覚される。

4.5.2　痛　　　　覚

　痛覚はヒトの生存にとって重要な感覚である。痛覚は複雑であり，同じ痛み刺激でもそのときの状態によって感じ方が変わる。すなわち脳による調節を大きく受けている。これは，一般的に痛みはすばやく検出し，それを引き起こしている事象から回避すべきものであるが，状況によっては痛みを無視してやるべきことを継続したほうがよい場合もあるためと考えられる。実際，脳には内因性オピオイドと呼ばれる神経伝達物質によって痛みを軽減する機構が備わっている。また中脳の中心灰白質（PAG）と呼ばれる領域への電気刺激は，強

い無痛覚を引き起こすことが知られており，しばしば臨床において用いられる。

痛み刺激は皮膚の自由神経終末の侵害受容器（痛覚受容器）によって処理される。侵害受容器には，強い圧力に反応する機械侵害受容器，極端な熱さや冷たさに反応する温度侵害受容器，ヒスタミンなどの有害な化学物質に対して反応する化学侵害受容器の3種類があることが知られている。このうち，化学侵害受容器はかゆみの感覚を引き起こす場合もある。侵害受容器の信号は，痛み刺激の知覚とそれに関する情動の二つの中枢神経系ルートで処理されると考えられている。痛み刺激の知覚は体性感覚野で処理されるが，痛みの情動にはむしろ島皮質や帯状回前部が関係している。最近の研究によって，痛みは感じるが痛みの不快感は緩和されているときには，島皮質や帯状回前部の活動が弱まっていることもわかっている。

4.5.3 自己受容感覚

身体の姿勢や運動に関する感覚は，**自己受容感覚**（proprioception）または固有感覚と呼ばれる。自己受容感覚は，筋肉や関節に存在する機械受容器からの情報を統合することによって得られる。筋肉は神経系からの入力によって収縮するが，筋肉にはその伸張を検知する**筋紡錘**と呼ばれる感覚器官が筋繊維と並行に存在する（**図 4.13**）。もう一つの筋肉からの自己受容感覚は，筋肉のつけ根に存在するゴルジ腱器官によって与えられる。筋紡錘が筋肉の長さを符号

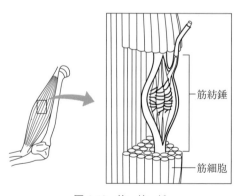

図 4.13 筋 紡 錘

化するのに対し，ゴルジ腱器官は筋肉の張力を符号化する．筋肉以外では，関節にもさまざまな自己受容感覚器が存在する．これらは関節の動きの角度，方向，速度の変化などに反応する．

4.5.4 一次体性感覚野と体部位局在性

これまでに述べた受容器からの神経線維は，脊髄を通って同側の延髄へと伝わり，そこから対側の視床へ，最終的に大脳の一次体性感覚野へ投射される．したがって，身体の左半身の情報は右脳の，右半身は左脳の体性感覚野へと投射される．

一次体性感覚野は中心溝のすぐ後ろ，頭頂葉の最前部に位置し，ブロードマン地図の3a野，3b野，1野，2野の4領域からなる（**図4.14**）．BA3b野とBA1野のニューロンは触覚刺激にのみ反応し，BA3a野のニューロンは筋伸長に反応する．BA2野のニューロンはこれら両方からの入力を受け，物体を握るための手の姿勢および圧力，物体からの触覚刺激などの情報を統合している．またBA3b野は手指ごとの局在性が見られるが，BA1野，BA2野では複数の指や手のひら全体を受容野に持つニューロンが見られる．これらのニューロンの受容野の部位と形は，大きなものを握ったり，小さなものを触ったりなど，手指が物体と接触するパターン，すなわち触覚の機能的な側面を反映していると考えられる[16]．実際に体性感覚野を損傷すると，触知覚に障害が出るだけでなく，ものをつかむなどの運動も拙劣になってしまう．

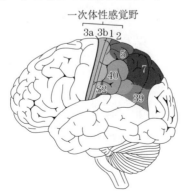

図4.14 体性感覚野

一次体性感覚野の重要な性質として，**体部位局在性**（somatotopy）がある。一次体性感覚野の皮質表面のある部位を電気刺激すると，それと対応する特定の身体の部位に体性感覚を生じさせることができる。カナダの神経外科医ペンフィールドは，一次体性感覚野のどの部位が身体のどの部位に対応しているかを表した地図を作成し，ペンフィールドの**体性感覚地図**として知られている（図 **4.15**）。なお，ペンフィールドは運動野についても同様の地図を作成している（5章参照）。体性感覚地図は，体の表面積の大きさには必ずしも比例せず，口，舌，手指などはほかの部位に比べて大きい。これはこれらの部位から与えられる情報の重要性と関係しており，皮質の面積が大きいほど情報処理能力も高くなっている。体性感覚地図の表面積の割合を人の形で表現したものは，しばしばホムンクルス（小人）と呼ばれる。体表面の二点を同時に刺激し，それが二点であることが知覚できるか（あるいは一点だと錯覚するか）を調べると，体部位によってこの二点識別閾（二点であることがわかる最小の幅）が大きく異なる。二点識別閾とホムンクルスの体部位の大きさは，きれいに対応していることがわかっている。

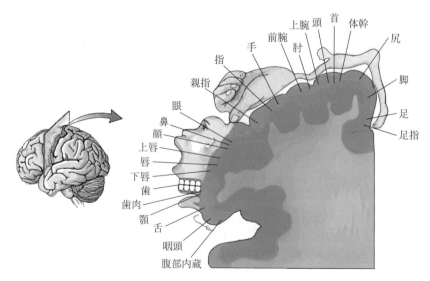

図 4.15 体性感覚野の体部位局在とホムンクルス

4.5.5 高次体性感覚野

二次体性感覚野（S2野）は一次体性感覚野（S1野）の下方，外側溝の上部および頭頂弁蓋部に位置し，BA3野，BA1野，BA2野すべてからの投射を受けている（図4.14）。S2野は解剖学的に4領域に分けることができ，それぞれ異なる身体地図を持つ（ただしS1野ほどはっきりした体部位局在性は見られない）。S1野のニューロンは受容器からの入力にもっぱら依存していたが，S2野のニューロンはむしろ目標や注意といったトップダウンの影響を受ける。例えば二つの振動刺激のうち，周波数が高いほうの刺激を選択する課題を行わせると，周波数の絶対値ではなく，前の刺激よりも周波数が高いか低いかに応じて活動が変化する。またS2野を損傷すると，閉眼時に手で触ることによって物体の立体構造を認識するような複雑な触覚弁別課題が行えなくなる。S2野は島皮質へ出力しており，そこからさらに海馬や扁桃体を含む側頭葉内側部への投射の重要な玄関口となっている。

S1野の後方には後頭頂葉皮質があり，高次の体性感覚情報処理（異種感覚との統合を含む）を行っている（図4.14）。後頭頂葉皮質は上頭頂小葉と下頭頂小葉に分かれている。これらはサルではそれぞれ5野と7野に相当するが，ヒトでは上頭頂小葉はBA5野とBA7野，下頭頂小葉はBA39野とBA40野となっており，サルとヒトでは構造が異なるので注意が必要である（BA39野とBA40野に相当する領野はサルには存在しない）。後頭頂葉皮質は頭頂連合野とも呼ばれ，体性感覚の処理だけでなく，視覚などほかの感覚情報との統合や運動制御にも深く関わっている（5章参照）。

上頭頂小葉と下頭頂小葉を分けるように走っている溝を頭頂間溝（intra-parietal sulcus：IPS）という。IPSには，体性感覚刺激と視覚刺激の両方に反応する**バイモーダル（二種感覚）ニューロン**が見つかっている。このニューロンは，手のひらへの触覚刺激と手周辺への視覚刺激（例えばレーザーポインタで手を照射するなど）の両方に対して反応する（**図4.16**）。どちらも手を受容野としている点が特徴的であり，このニューロンは体性感覚と視覚を統合した「手」を表現していると考えられる。入來[17]は，サルに熊手を使って餌をとる

4. 視覚以外の感覚

図 4.16　二種感覚ニューロン[17]

ように訓練させると,「手」を表現する二種感覚ニューロンの視覚受容野が熊手の先まで伸びることを報告している。これはこのニューロンにおける「手」の表現はかなり柔軟であり,道具などの使用によって変化することを示している。われわれの身体が脳内でどのように表現されているかを考えるうえで大変興味深い知見である。

5章　運　　　動

われわれは外界から得た感覚情報を元に適切な行動を選択し，環境に働きかけている。このとき脳の運動関連領野のネットワークによって階層的かつ並列な情報処理がなされ，複雑かつ精密な運動制御が行われている。本章では，一次運動野や脊髄によって筋肉が制御される仕組みから，脳の高次運動野による高度な運動制御，さらに大脳基底核と小脳による運動修飾のメカニズムまでを概観する。

5.1　運動野の構造と働き

われわれは日常生活においてさまざまな運動制御を行っている。熱いものを触ったときに手を引っ込めたり，つまずいたときに転ばないようにバランスをとったりできるのは反射の機能による。歩いたり，走ったり，食事をしたりするのはほぼプログラム化された自動的な（無意識で行われる）運動制御である。新しいスポーツや楽器を練習したり，日曜大工で棚を作ったりするのは，もっと複雑で計画的な運動制御が必要となる（しかしながらこれらも練習を繰り返すことで学習が進み，多くが自動化する）。

運動について考えるときに注意しなければならないのは，じつはわれわれは運動のほとんどの部分について意識的に制御していないということである。例えば歩くときにはどこへいくかという目的地については意識していても，地面の形状とか足の筋肉の力の入れ方などは意識しないだろうし，しようと思ってもほとんどできないだろう。あるいはコーヒーを飲むとき，カップをどの指を使ってどう持つかをいちいち考えたりはしない。予想よりもカップが重くてコーヒーをこぼしそうになったときにはじめて適切な持ち方について意識する

のである。われわれが運動をどこまで意識的に制御し，どこからが無意識下の制御に委ねられているかという観点は，脳による運動制御を理解するうえで重要である。

〔1〕**随意運動**　意識的に制御する運動は随意運動という。随意運動には通常，達成すべき目標があり，そのために環境を操作しようという意図がある。目標を達成するためにはいくつかの手段があり，そのどれが適切かを選択することが必要になる。これまでに試したことのない運動を行う場合には，適切な運動計画を立てなければならない。またそれをいつ行うのかというタイミングの制御や，一度意図した運動を場合によっては中止することもできなければならない。これらの随意運動の制御を可能にするためには，大脳皮質の高次運動野が重要である。一方，無意識下の運動制御には，大脳基底核や小脳などの皮質下の部位が重要な役割を果たしており，運動学習や運動の繊細な制御に関連している。脳における運動制御は大まかには階層的であると考えられ，最下層には脊髄による筋肉制御があり，その上位には一次運動野，さらには高次運動野による高度な運動制御へと階層を上がっていく（**図 5.1**）。また大脳基底核と

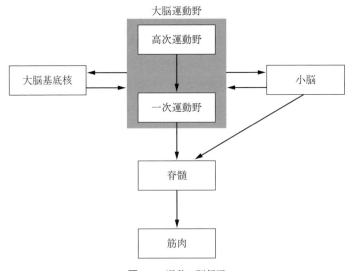

図 5.1　運動の脳領野

小脳がこれらの制御を修飾している。

〔2〕 **運動と知覚の結びつき**　従来，われわれはまず外界を知覚して，その知覚結果を元に運動を計画，制御しているという逐次的なモデルが考案されてきた。しかし最近の研究により，知覚と運動の区分はそれほど明確ではないことが明らかになっている。脳における運動制御のメカニズムを探っていくと，いつのまにか知覚のメカニズムに入り込んでいるということが起こるし，逆に知覚において運動野が重要な働きをしていることも知られるようになってきた。このように知覚と運動はさまざまなレベルで不可分に結びついている。

以降ではこのような脳の各領野による運動制御機能とその特徴を見ていく。

5.2　運動制御と反射

すべての運動は筋肉の制御である。脳および脊髄からの出力は，各身体部位に存在する筋肉へ投射している。筋肉は神経細胞からの信号（神経伝達物質）を受け取ると収縮するようになっており，これによって運動が引き起こされる。筋肉には，骨格筋，平滑筋，心筋の3種類がある。骨格筋は身体を動かす筋肉で，骨に付着しており収縮すると骨が動く。われわれが意識的に制御できるのはこの骨格筋であり，行動に直接的に関与している。平滑筋は内臓に，心筋は心臓に存在し，自律神経系による制御によって活動が強まったり弱まったりする。自律神経系を介した内臓運動の制御は無意識下で遂行されている（6章参照）。

〔1〕 **骨格筋の制御**　先述したように，骨格筋の末端は骨に付着しており，収縮すると骨が動く。筋肉が骨に付着している部分を腱という。筋肉は活動すると収縮し，関節を屈曲させる筋肉を屈筋，伸張させる筋肉を伸筋と呼ぶ。関節は一つないし複数の屈筋と伸筋によって制御される。関節を同じ方向に運動させる筋肉どうしを協同筋，逆方向に運動させる筋肉どうしを拮抗筋と呼ぶ。

骨格筋は脊髄にある α **運動ニューロン**による支配を受け，α 運動ニューロンの活動が伝わると筋肉の収縮が起こる（**図 5.2**）。α 運動ニューロンと筋肉の関

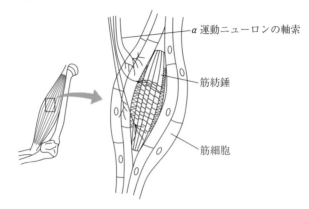

図 5.2 α 運動ニューロンによる筋肉の制御

係は多対多であり，一つの α 運動ニューロンは複数の筋肉を支配し，また一つの筋肉は複数の α 運動ニューロンによる支配を受けている。単一の筋を支配する α 運動ニューロンの集合は運動ニューロンプールと呼ばれる。4 章で述べたように，筋肉には筋紡錘やゴルジ腱器官といった感覚器官も存在し，筋肉ないし関節の状態は自己受容感覚として中枢神経系へと伝えられる。

〔2〕**脊髄反射**　骨格筋の制御はさまざまな経路が存在する。最も単純なのは，脳を介さない脊髄による制御であり，脊髄反射と呼ばれる。よく知られている例は膝蓋腱反射であり，足が着かないように座った状態で膝の下を軽くたたくと足が前に伸びる。この反応にかかる時間は約 50 ms であり，脳が関与するには短すぎる。実際，膝に触ったらすぐに足を伸ばすように指示したときの反応は数百 ms かかる（この場合は，脳による運動制御が行われる）。膝蓋腱反射は，膝をたたいたことによって筋肉が伸張し（膝が屈曲したのと同じ状態），これを元の姿勢に戻そうとすることで起こる反応である。

これと同様のことが腕でも起こる。水平に屈曲させた前腕におもりを載せると，それによって前腕が下がるが，またすぐに元の姿勢に戻る（**図 5.3**（a））。これは**伸張反射**と呼ばれ，脊髄での単一のシナプス結合（単シナプス性）によって制御される（図（b））。ここではまず，おもりによって腕が伸びたことにより筋肉にある筋紡錘が活動電位を発し，脊髄に送られる。この神経軸索は脊髄

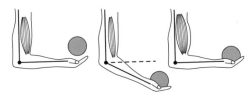

（a）前腕の伸張反射

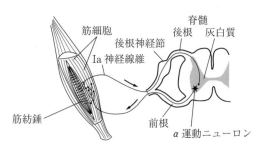

（b）単シナプス結合

図 5.3 伸張反射

の α 運動ニューロンと直接シナプス結合しており，信号を送ってきた筋紡錘が存在するのと同じ筋肉を制御する。これによって筋肉が同じ位置に戻るまで屈曲する。

伸張反射は脊髄反射の中でも最も単純なものであるが，ほとんどの反射は多シナプス性の経路を含み，数千のニューロンが関わっていることもしばしばである。これによって複数の筋肉を整合的に制御することが可能となっている。

脊髄反射は自動的に起こる運動だが，いつでも起こるわけではない。例えば熱いコップを持ったとき，手を引っ込める反射経路が活性化するが，そのまま落とすとコップが割れてしまう場合，大脳からの指令によってこの反射を抑制することが可能である。その結果，熱いのを我慢してしばらくコップを持ち続けることができる。このように運動はしばしば階層的に制御される。

5.3 一次運動野

5.3.1 体部位局在性と入出力

随意運動の制御には大脳皮質のさまざまな運動野が関わっている。運動関連領野は前頭葉の後半分を占め，中心溝のすぐ前方に一次運動野（BA4野）がある。一次体性感覚野と同じく，一次運動野には体部位局在性があることが知られている（**図5.4**）。一次運動野への弱い電気刺激によって対側の特定の筋肉の収縮が起こる。一次運動野の神経細胞（錐体細胞）への主要な入力は，高次運動野と体性感覚野（BA3野，BA1野，BA2野）の同じ体部位からのものであり，出力先は脊髄の α 運動ニューロンである。例えば，親指の背側に触れると反応する体性感覚野ニューロンは親指を伸展させる運動野ニューロンに投射し，親指の腹側に反応する体性感覚野ニューロンは親指を屈曲させる運動野ニューロンに投射している。この結合は触覚刺激に対するすばやい反応を起こすのに適している。

従来，一次運動野は脊髄へ直接投射する唯一の領野だと考えられていたが，

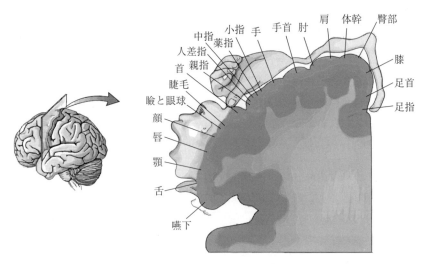

図5.4 一次運動野の体部位局在地図

現在ではこの考えは支持されておらず，一次運動野だけでなく，運動前野や補足運動野，頭頂葉など高次の運動領野からも脊髄への直接投射があることがわかっている[18]。

5.3.2 運動情報の集団符号化

一つの錐体細胞は多数の脊髄運動ニューロンプールを活性化させ，特定の運動を遂行するための複数の筋肉の制御を行うことがわかっている。一次運動野のニューロンは，運動の直前と最中に活動し，運動の力と方向の情報を持つ。個々の運動ニューロンには最も強く活動する運動の方向（例えば**図 5.5** (a) のようにレバーを左方向に倒す）があるが，この運動方向選択性はそれほど厳密ではなく，最も強く活動する方向から±45°方向を変えてもまだ活動が見られる（図 (b)）。一次視覚野のニューロンが持つ方位選択性（3 章）や，われわれが普段行っている緻密な運動制御を考えると，これは随分と大雑把な方向選択性だといえる。しかしながら数百の運動ニューロンの活動を同時に計測し，それぞれのニューロンが最も強く活動する運動方向とその活動の強さをベクトルとしてベクトル和を計算すると，実際の運動方向をかなり精度よく表せることが知られている（**図 5.6**）。これは，運動情報は個々の運動ニューロンというよりも，運動ニューロンの集団において表現されていることを示している。このような運動の表現を**集団符号化**（population coding）と呼ぶ。現在ではこれを応用して，運動野の神経活動から患者の運動意図を「解読（デコード）」し，

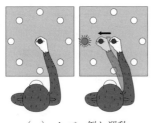
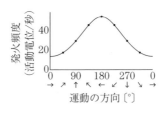

（a）レバー倒し運動　　（b）一次運動野ニューロンの運動方向選択性

図 5.5 一次運動野ニューロンの反応

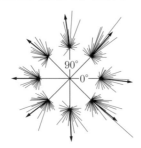

図 5.6 一次運動野における集団符号化

義手などの装置を制御しようというブレインマシンインタフェースと呼ばれる研究も盛んに行われるようになっている。

5.4 高次運動野

一次運動野への主要な入力は，隣接する**運動前野**（premotor area）と**補足運動野**（supplementary motor area：**SMA**）からのものである（**図5.7**）。運動前野は一次運動野のすぐ前方，大脳の外側面に位置し，**背側運動前野**（dorsal premotor area）と**腹側運動前野**（ventral premotor area）に分けられる。補足運動野は運動前野の上方，脳の内側面に位置する。補足運動野の前方には**前補足運動野**（pre–supplementary motor area：**preSMA**）がある。一次運動野のニューロンが運動の遂行中に最も活動するのとは対照的に，これらの高次運動野は運動の計画や準備に関与しており，運動前の準備期間にもよく活動する。

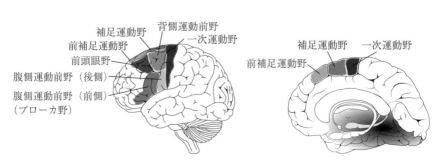

図 5.7 高次運動野

5.4 高次運動野

頭頂葉は視覚の背側経路の終点であるとともに，運動前野との密な結合を持ち，運動制御にも深く関わっている。特に，物体に手を伸ばしたり（到達運動），つかんだり（把持運動）するときには，物体の空間位置や立体構造を知覚しながら運動を制御しなければならない。実際に，到達把持運動を行う際には後頭頂葉が強く活動する。

以下では，これらの高次運動野の機能的特徴について詳しく見ていく。

5.4.1 補足運動野と前補足運動野

補足運動野（SMA）は，一次運動野と同様の身体マップを持ち，ここを電気刺激すると実際に身体運動が生起する。**前補足運動野**（preSMA）は，解剖学的にも機能的にも SMA と区別される。SMA が体性感覚野からの入力をおもに受けつけるのに対し，preSMA は前頭前野や帯状回からの入力を受けつける。また SMA が一次運動野へ直接投射するのに対して，preSMA から一次運動野への投射はなく，preSMA を電気刺激しても身体運動は引き起こされない。

〔1〕**運動シーケンス**　SMA 領域（SMA + preSMA）は連続した一連の行動を行うのに重要な部位である。例えばサルの SMA 領域を損傷させると，「レバーを押してから左に回す」というような二つの連続した行動を行えなくなる。健常なサルの SMA 領域のニューロンの活動を計測すると，あるニューロンは連続的な活動を行う少し前（約1秒前）に活動し，別のニューロンは特定の運動の最中，またほかのニューロンは一連の運動中の最後の運動の前にだけ活動するという結果が得られる。**図 5.8** には，「回す」「引く」「押す」とい

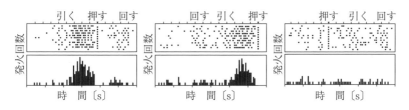

図 5.8　SMA のニューロンの活動パターン[4]

う3種類の運動の組み合わせをサルに覚えさせたとき,「引く-押す」という行動列のときにだけ活動するニューロンを示したものである[19]。このような性質のニューロンはSMAよりもpreSMAにおいて多く観測される。preSMAは特に複雑な運動シーケンスの遂行および運動タイミングの処理に深く関わっている。またヒトにおいてもSMA領域が同様の働きをしていることが脳機能イメージング実験などにより示されている[20]。

〔2〕 **自発的運動** SMA領域を損傷すると,意図していない運動を自分の手が勝手にしてしまうエイリアンハンド症候群や,逆に意図的な運動がまったく起こらない無動無言症が起こる。また,目の前にある道具を状況が適切か否かに関わらず使用してしまう使用行動が起こることもある。これらの症例は自分の意図と運動の乖離を表しており,SMA領域が意図的運動,自発的運動に深く関与していることを示している。

実際に健常者では自発的運動を遂行する際,**図5.9**に示すように,運動の約1～2秒前からSMAを中心として**運動準備電位**(readiness potential)と呼ばれる皮質上・頭皮上の陰性電位変化が観測される(この電位はやや遅れて運動前野にも現れる)。運動準備電位は必ず運動に先行するので,運動の準備や運動意図の形成に関わっていると考えられる。興味深いことに,われわれが運動意図を自ら意識するのは運動のわずか0.2秒前であり,運動準備電位の発生よりも大幅に遅い[21]。これはまず運動の意図が生じてからその運動の準備がはじ

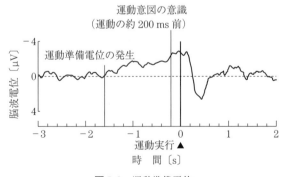

図5.9 運動準備電位

まるという直感に反するものであり，発見当初大きな反響を呼んだ。しかしながら運動意図も脳が生み出すものなのだから，運動準備電位はそのプロセスを反映していると考えればそれほど不思議ではないかもしれない。一方で，運動意図が無意識のうちに形成されるのだとすると，われわれの自由意思はどこに存在するのかという哲学的な疑問が湧いてくる。運動と意識，自由意思の問題は，現在も哲学者を巻き込んでの議論が尽きないトピックの一つである。

5.4.2 背側運動前野と上頭頂小葉のネットワーク

運動前野は，視覚などの感覚情報を利用した複雑な運動の計画，実行および学習に関与している。運動前野は大きく背側運動前野と腹側運動前野に分けられ，それぞれ上頭頂小葉，下頭頂小葉と強い結合を持っている。運動前野と頭頂葉のネットワークについては，おもにサルを用いた研究によって重要な知見が得られており，ここでもサルでの知見を多く取り上げる。サルの運動野はF1野〜F7野の七つの領域に区分される。F1野は一次運動野（M1野）であり，F2野〜F7野が運動前野である。このうちF2野とF7野は背側運動前野，F4野とF5野は腹側運動前野，F3野はSMA，F6野はpreSMAとなる（**図5.10**）。

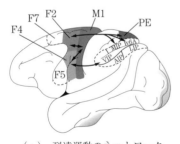 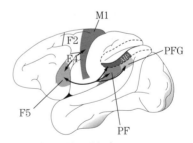

（a）到達運動のネットワーク　　　（b）把持運動のネットワーク

図5.10 運動前野–頭頂葉のネットワーク（サルの場合）

頭頂葉の一次体性感覚野よりも後方は**後頭頂皮質**（posterior parietal cortex）と呼ばれ，さらに**上頭頂小葉**（superior parietal lobule，サルでは5野またはPE野，ヒトではBA5野とBA7野）と**下頭頂小葉**（inferior parietal lobule，サルでは7野またはPF野（前方）とPFG野（後方），ヒトではBA39

野とBA40野）に分けられる（4章参照）。上頭頂小葉と下頭頂小葉を隔てる溝は頭頂間溝（IPS）と呼ばれ，LIP，MIP，VIP，AIPの四つの小領野へ区分される。これらの領野は運動制御や感覚統合に重要な役割を果たしている。

〔1〕 **運動準備** 背側運動前野には，運動を行っているときに活動するニューロンだけでなく，運動の準備をしているときに活動するニューロンが多く存在する。例えばサルにどの運動を実行するかの手がかりとなる刺激を与え，その後少しの遅延をおいてから実行を指示する刺激を与える。すると，手がかり刺激に対して応答するニューロン（手がかり刺激応答ニューロン）や手がかり提示から実行までの遅延時間の間に活動するニューロン（準備ニューロン）などが観測される。これらのニューロンは，例えば右上のターゲットへの運動準備のときにだけ活動するなどの方向選択性があり，特定の運動の準備や運動計画に関わっているといえる。興味深いことに，背側運動前野のニューロンは使う腕の左右に関わらず，計画段階のターゲットの方向をコードしている。対照的に，一次運動野のニューロンは実際に使う（対側の）腕の運動をコードしている。これは一次運動野ではどの筋肉をどう使うかという直接的な運動表現があるのに対し，運動前野では外部空間における運動計画というより抽象的な表現をコードしていることを示唆している。

〔2〕 **到達運動** 到達運動（リーチング）には背側運動前野（サルではF2野，ヒトではBA6野の背側）と上頭頂小葉および頭頂間溝のネットワークが重要である（図5.10(a)）。頭頂葉では空間認知に関わる感覚情報の統合が行われ，背側運動前野ではこれらの情報に基づいた到達運動の制御が行われると考えられる。頭頂葉を損傷すると対側の手での到達運動が障害される。特に上頭頂小葉および頭頂間溝を損傷すると，視覚情報を用いた周辺視野領域への到達運動に障害が出る。興味深いことにこれらの患者も視覚情報を使わない（眼を閉じての）到達運動は問題なくできる。このような症例を視覚性運動失行（optic ataxia）という。このことから上頭頂小葉は，背側運動前野と協調して視覚情報に基づいた到達運動の制御を行う回路の一部を構成していることがわかる。

〔3〕 **前頭眼野** 背側運動前野前方のF7野（ヒトではBA8野）は頭頂葉の

ほかに前頭前野からの入力も受けつけ，眼球運動制御や運動選択などの機能がある。このため F7 野は**前頭眼野**（frontal eye field：FEF）とも呼ばれる。F2 野が SMA との共通点が多く運動準備や遂行中によく活動するのに対して，F7 野は preSMA との共通点が多く，視覚情報を合図とする運動の連合学習や運動の選択，運動イメージなど高次の運動機能と関連があると考えられている[20]。

5.4.3 腹側運動前野と下頭頂小葉のネットワーク

腹側運動前野は，後方（M1 野寄り）にある F4 野と前方（前頭前野寄り）にある F5 野に分けられる（図 5.10）。F4 野は身体周辺空間（特に腕や口）における到達把持運動に深く関わっている。例えば机の上の物体に手を伸ばしてつかむようなときに強く活動する。F5 野は視覚誘導性の把持運動（グラスピング）やほかの目標指向運動（物体の操作など）に関わっている。F4 野は頭頂間溝の VIP 領域と，F5 野は頭頂間溝の AIP 領域および下頭頂小葉と密な結合を持っている。これらの頭頂葉領域では，身体周辺空間への運動を適切に行うために種々の（特に視覚と触覚の）感覚情報の統合を行っていると考えられる。この頭頂葉との強い結合のため，腹側運動前野のニューロンは感覚（特に視覚）入力に対してよく活動するという特徴を持つ。

〔1〕**身体周辺空間マップ**　腹側運動前野後方（F4 野）は VIP からの入力を多く受け取り，複数感覚の刺激に反応するニューロン（バイモーダルニューロン，bimodal neuron）が存在する。例えば手の運動に関わるニューロンが同じ手の部位への触覚刺激や視覚刺激（レーザーポインタを当てるなど）に対しても反応する。F4 野のほとんどのニューロンは触覚刺激に，またその半数近くのニューロンは視覚刺激にも反応性を持つ。VIP にも F4 野のバイモーダルニューロンとよく似た挙動を示すニューロンが存在する（4 章参照）。これらのニューロンは身体周辺空間（peripersonal space）の感覚統合マップを表していると考えられる[22]（**図 5.11**）。

〔2〕**カノニカルニューロンとアフォーダンス**　一方，腹側運動前野前方の F5 野は AIP からの入力を多く受け取り，把持運動や物体の操作に深く関与

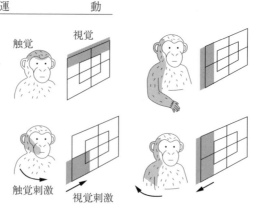

図 5.11 VIP の身体周辺空間マップ[2]

している（図 5.10 (b)）。F5 野には重要な性質を持ったニューロンが複数ある。F5 野後方には**カノニカルニューロン**（canonical neuron）と呼ばれ，三次元物体の視覚提示に反応するニューロン群が存在する。カノニカルニューロンの反応は物体の形態，特に把持の仕方に選択的であり，物体の形や向きによって変化する[23]（**図 5.12**）。AIP のニューロンもこれとほぼ同じ性質を示す。これは実際に運動を行うか否かに関わらず，物体が視覚的に誘発する運動の種類をコー

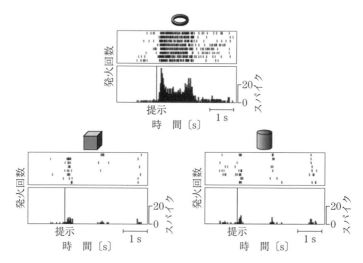

図 5.12 F5 野のカノニカルニューロンの活動[24]

ドしていると考えられ，心理学分野でギブソンが提唱した概念とも親和性が高い。彼は，われわれがその物体を何であるか認識した後にそれに対する運動プログラムが考えられるのではなく，物体の知覚がそのまま運動と結びついているという「**アフォーダンス**(直接知覚)」の可能性を提唱した。カノニカルニューロンは，このアフォーダンスの神経基盤であると考えられる。つまりこれらのニューロンは，物体の視覚入力からその物体をどのようにつかむかという運動表現へ直接的かつ自動的に変換していることを示唆する。別の言い方をすれば，視覚の腹側経路(「何」経路)ではなく，視覚の背側経路(「いかに」経路(3.5.2項参照))から腹側運動前野へと向かう経路によって，アフォーダンスは実現されていると考えられる。

〔3〕**ミラーニューロン**　　F5野前方には，他者運動の視覚知覚によって活動する**ミラーニューロン**(mirror neuron)と呼ばれるニューロンが存在する。ミラーニューロンは自分が運動するときと，それと同じ運動を他者が行っているのを見たときのいずれの場合にも活動する[25]。その活動は運動の種類に対して選択的であり，単なる物体の提示に対しては活動しない。ミラーニューロンは他者運動の視覚表現と自己の運動表現が共通することを表しており，他者の運動意図の理解や模倣など社会性認知機能に深く関わっている。ミラーニューロンについては9章で詳しく説明する。

〔4〕**下頭頂小葉と観念運動**　　ヒトの左半球の下頭頂小葉の損傷は，しばしば**観念運動失行**(ideomotor aplaxia)を引き起こす。観念運動失行とは，言語的な指示などに従って意図的に運動を行うことができなくなる症状である。特に難しいのは道具を使うふりをするもので，例えば鍵もドアも目の前にない状況で「鍵を使ってドアを開けるまね」をするように指示しても実行できない。一方で，日常生活におけるその場の状況に即した行動を自発的に行うことには問題がない。また損傷の程度によっては，相手の動作の模倣ができたり，鍵を渡せばその使い方を見せることができたりする。したがって観念運動失行の患者に損なわれているのは，「いまここ」にある状況から離れて観念的に状況を作り上げて運動を遂行する能力であるといえる。外部環境に誘発されて行う運

78   5. 運　　　　動

動とは別に，抽象的なレベルで随意運動のイメージを操作するメカニズムが，人間には備わっていることが示唆される。

5.5 大脳基底核

ここまで見てきた大脳皮質の運動野（高次運動野）は，高次の運動制御や計画に関連していた。以下に学ぶ大脳基底核と小脳は，主として無意識的な運動実行に関するさまざまな修飾や学習と関わっている。

5.5.1 皮質-基底核の運動系ループ回路

大脳基底核は，尾状核，被殻，淡蒼球，視床下核からなる（図 5.13 (a)）。さらに中脳の黒質を加えることもある。尾状核と被殻は合わせて線条体（striatum）と呼ばれ，皮質からの入力を受け取る部位となっている。基底核には大脳皮質のほとんどすべての領域からの入力がある（2章参照）。出力は視床を介して，一次運動野，補足運動野，運動前野へ向かう（これ以外に脊髄へ向かう出力もある）。これによって，大脳基底核は皮質との間に運動系ループ回路を形成し，運動制御に重要な影響を及ぼしている。

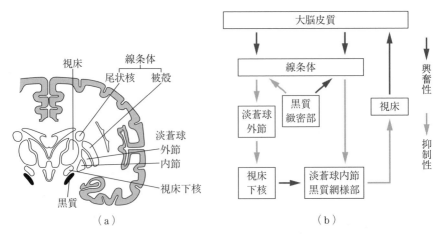

図 5.13　皮質-基底核の運動系ループ回路

運動系ループ回路にはおもに直接路と間接路の二つの経路がある（図 (b)）。直接路は，皮質→線条体→淡蒼球内節→視床→皮質という経路である。ここで，線条体から淡蒼球内節への投射と淡蒼球内節から視床への投射はともに抑制性である。淡蒼球内節は自然発生的に活動しており，通常は視床へ抑制をかけている状態にある。皮質からの入力によって線条体が活動すると，淡蒼球内節の活動を抑制する投射が活性化し，これによって淡蒼球内節からの視床への抑制がはずれ（脱抑制），視床から皮質へ興奮が伝えられる。

一方，間接路は，皮質→線条体→淡蒼球外節→視床下核→淡蒼球内節→視床→皮質という経路である。ここでは線条体から淡蒼球外節，淡蒼球外節から視床下核，および淡蒼球内節から視床への投射が抑制性である。淡蒼球外節も自然発火により，通常は視床下核の活動を抑制している。ここで皮質からの入力によって線条体が活動し，淡蒼球外節を抑制すると，視床下核が脱抑制し，淡蒼球内節に興奮性の出力を送る。直接路のところで述べた通り，淡蒼球内節から視床へは抑制性の投射であるので視床の活動を抑制し，皮質へ興奮は伝わらない。

以上をまとめると，直接路は皮質へ興奮性の出力を伝えるが，間接路はそれを抑制する働きがあり，このバランスによって基底核は大脳皮質の運動系の活動を修飾している。これらの皮質–基底核回路では体部位局在性が比較的ずっと保たれており，ある運動皮質部位から発せられた投射は，最終的に同じ部位に出力が戻ってくるという閉ループを形成している。

皮質–基底核の運動回路は，行動の選択，運動の準備・実行，自発的運動，記憶に基づく運動，習慣的な行動の形成・実行，強化学習（7 章参照）など，運動のさまざまな局面に関わっていると考えられているが，その詳細はまだ明らかではない。また 6 章で述べるように，線条体は辺縁系との閉ループも有しており，報酬の処理において重要な部位であることも知られている。

5.5.2　大脳基底核の損傷

大脳基底核の損傷によってパーキンソン病やハンチントン病などの重大な運

動障害が現れる。パーキンソン病は，線条体へ入力する黒質ニューロンの変性によって起こり，筋固縮，動作緩慢，安静時振戦がおもな症状である。特に随意運動を開始することが困難になる。例えば物体へ手を伸ばすことはできるが，運動を開始するまでに非常に時間がかかる。黒質から線条体への入力は2種類あるが，直接路へは興奮性の，間接路へは抑制性の投射を行っており，どちらも基底核からの出力を興奮性にするように働いている。パーキンソン病ではこの黒質からの入力がなくなることで運動機能が低下する。

一方，ハンチントン病は，尾状核ニューロンの変性によって起こり，四肢の衝動性運動，すなわち四肢の速くて不規則で制御不能な運動（舞踏運動）が自発的に起こる点が特徴である。ハンチントン病では線条体から淡蒼球外節への投射が減少することによって間接経路の働きが弱くなっている。その結果，基底核から皮質への興奮性の投射が強まり，運動が全体的に強調されることになる。

5.6 小　　　　　脳

5.6.1 小脳による運動制御

小脳は熟練した運動の制御に重要な役割を果たしており，例えば野球のピッチャーの投球動作のような複雑かつすばやい運動において，一連の筋の高精度の制御とそれを正確なタイミングで引き起こすことに関与している。このようなすばやい運動（弾道的運動，ballistic movement）では，感覚フィードバックに頼って運動を調整することはできないので，一連の運動指令はあらかじめ運動結果を予測したうえで出されていると考えられる。このような運動制御は**フィードフォワード制御**と呼ばれる。フィードフォワード制御には明らかに学習が必要であり，小脳は運動学習に深く関与している。

実際に小脳を損傷すると，運動が自動的かつ無意識に行われるという性質が失われてしまう。これは小脳が運動の自動的なフィードフォワード制御を司っていることを示唆しており，小脳が機能しなくなると，すべての運動を大脳皮質によって意識的に制御する必要が出てくるのだと考えられる。

5.6.2 小脳の神経回路

大脳皮質の運動野は，脳幹の橋核（pontine nucleus）を介して，小脳半球へ投射する（図5.14）。小脳半球では，運動の詳細情報に基づいて，どの筋肉をどのタイミングで関与させるかを計算する。この計算結果は小脳深部にある歯状核（dentate nucleus）を経由して，視床へ送られ，一次運動野と運動前野へ投射される。これは閉じたループが並列に並ぶように形成されており，小脳の特定の部位が大脳皮質の特定の部位と相互に結合するようになっている。

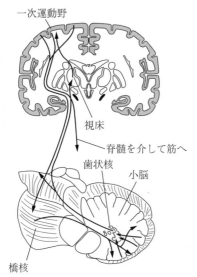

図5.14 小脳と大脳皮質のループ

小脳の神経回路は特徴的な構造を持つ（図5.15）。小脳は部位によって異なる大脳領域や脊髄部位からの入力を受けるが，どこでも同じ神経構造を持つことから，行っている計算処理のアルゴリズムはすべて同じであると考えられる。小脳への入力は苔状線維からのものと登上線維からのものの二つがある。苔状線維は顆粒細胞へ，登上線維はプルキンエ細胞へそれぞれ投射している。苔状線維は大脳皮質や末梢神経からの感覚情報を小脳に伝える。顆粒細胞の軸索は平行線維と呼ばれ，長い距離に渡って多数のプルキンエ細胞の樹状突起とシナプス結合を形成している。プルキンエ細胞は多数の樹状突起を持っており，1

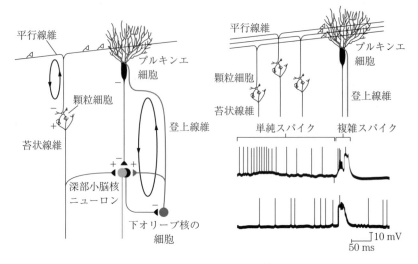

図 5.15 小脳の神経回路[2)]

個のプルキンエ細胞が20万〜100万個の顆粒細胞とシナプス結合している。登上線維は下オリーブ核に起始しており，一つのプルキンエ細胞は一つの登上線維とだけシナプス結合を作る。小脳からの出力はプルキンエ細胞からのものであり，小脳核や脳幹の前庭神経核に投射している。

　平行線維からの多数の入力は，プルキンエ細胞に単純スパイクと呼ばれる活動電位を発生させる（図5.15）。単純スパイクは比較的高頻度に発生するが，平行線維からの入力によってその発火頻度が変化する。この出力が皮質運動野へ投射され，運動の細かな制御に貢献している。一方，登上線維からの入力はまれで，運動エラーの検出と関連している。登上線維に1回活動電位が発生すると，プルキンエ細胞には複雑スパイクと呼ばれる活動電位が発生する。複雑スパイクはそのときに活性化していた平行線維とプルキンエ細胞のシナプス結合を長期に渡って減衰させる**長期抑圧**と呼ばれる現象を引き起こす。これによって小脳は平行繊維からの感覚入力に対する出力の強さを調整し，高精度の運動学習を行っている。

6章　情動・感情

　情動および感情はわれわれの行動を動機づける主要な要素であるが，科学的な手法では捉えにくい現象であり，まだよくわかっていない部分が多い。一方で，情動が行動だけでなく，思考や意志決定，社会的行動などの高次認知にも大きな影響を与えることが示されてきており，その重要性は再認識されている。本章では情動と感情に関わるさまざまな脳領野について取り上げ，その機能と役割について考える。

6.1　情動と感情

　情動や感情は，怒りや悲しみ，喜びなどを表す言葉であるが，その厳密な定義や範囲の特定は難しい。本書では脳科学者であるルドゥーとダマシオに倣って，情動と感情を以下のように区別して用いることにする[26]。「**情動**（emotion）」は，個体が何らかの環境状態に遭遇したときに，それによってほぼ無意識的に引き起こされる身体的反応のことであるとする。この身体的反応には生理的活動および脳活動が含まれる。一方，「**感情**（feeling）」はこれらの身体的反応の意識的経験のことを指す。このように定義すると，情動は外から計測可能であり，ヒト以外の動物に対しても調べることができるが，感情は本人の主観的経験に基づいており，基本的にはヒトを対象としなければ研究ができないことになる（動物の「意識」を計測する方法はいまのところない）。

　情動や感情の種類は非常に多岐に渡るが，何人かの研究者はその中のいくつかを基本的な情動としている。最も有名なのは心理学者エクマンによるもので，世界中の文化圏で共通に見られるものとして，怒り，恐れ，悲しみ，驚き，嫌悪，喜びの6種類を挙げている[27]。一方，感情はそれらに加えて恥じらいや

尊敬，嫉妬，罪悪感などさまざまかつ複雑で繊細なものまで多岐に渡る。

6.1.1 末梢起源説

情動および感情に関する研究の歴史は比較的古い。初期の重要な説に，著名な心理学者であり哲学者でもあったウィリアム・ジェームスによって1884年に提唱され，その後ランゲによって修正された「末梢起源説（ジェームス＝ランゲ説）」がある。ジェームスは，個体がある状況に直面すると，まず身体的反応が引き起こされ，その感覚フィードバックを知覚することで感情が喚起されるとした（**図6.1**）。これは「われわれは悲しいから泣くのではない。泣くから悲しいのだ」という表現に集約されている。一般的には，感情という心的状態が先に起こり，それによって身体的変化が引き起こされると考えられていたので，ジェームスの説は大きな反響を巻き起こした。

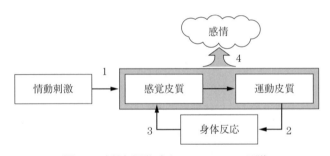

図6.1 末梢起源説（ジェームス＝ランゲ説）

6.1.2 中枢起源説

末梢起源説に対して，キャノンと共同研究者のバードは1927年に「中枢起源説（キャノン＝バード説）」を提唱した。キャノンは自律神経系の研究を通じて，情動が自律神経系の働きと関係していること，各種の情動と身体的反応に一対一の対応関係が見られないことなどを引き合いにして末梢起源説を批判した。例えば恐怖を感じるときには心拍数の増加や発汗を伴うが，これは怒りなどのほかの情動でも生起する。したがって，末梢起源説では身体状態からそれぞれの感情がどのように分化するのかがうまく説明できない。キャノンはさらに視

床と視床下部についても研究を行い，情動刺激は視床で大脳皮質（中枢）へ向かう経路と視床下部へ向かう経路に分岐し，前者が情動経験（感情）を引き起こし，後者が身体的反応を引き起こすとした（図6.2）。実際に視床下部を損傷すると情動反応が起こらなくなることを動物実験で示し，これらの実験結果から，キャノンらは情動や感情を引き起こすのは脳であるという主張を行った。

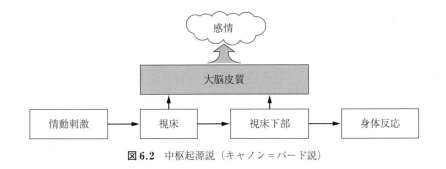

図6.2 中枢起源説（キャノン=バード説）

その後，視床下部を中心とした神経回路に中枢起源説を拡張した「ペーペズの回路」やマクリーンの「辺縁系」（2章参照）などが情動の脳メカニズムとして提唱されてきたが，現在では視床下部よりもむしろ扁桃体が情動の処理にとって重要であり，それらは情動の回路としては不適切であることがわかっている。

6.1.3 二つの経路モデル

ルドゥーは動物実験（6.4.2項で詳述）を行って，外界からの情動刺激の情報が視床から直接扁桃体にいくルートと，大脳皮質を経由して扁桃体に入るルートの二つが存在することを示した（図6.3）。ここから彼は，前者は情動情報がすぐに扁桃体で処理される速いルート，後者は中枢によるより精緻な分析を経由した間接的な遅いルートであるとするモデルを提案した[28]。つまり，速いルートが自分に脅威を与えると思われる刺激（例えばヘビのような細長い物体）に対してすぐに身体的反応（心拍数の上昇など）を引き起こすのに対し，遅いルートは刺激の詳細な分析を行って，より正確な判断（「ただの長い紐だ

86   6. 情動・感情

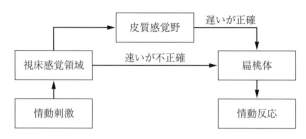

図 6.3 情動の二つの経路モデル

から逃げる必要はない」）を下すとともに，それに伴う感情を生成する。前者は無意識的情動，後者は意識的な感情を反映している。ルドゥーのこのモデルはキャノン＝バード説を現代の脳科学の知見によって修正したものだといえる。

以下では情動と感情に関わる部位の働きについて詳細に見ていく。

6.2 自律神経系・内分泌系

情動はある種の環境状態に対して引き起こされる身体的反応である。例えば，何か腹の立つことがあったときに，心拍と血圧は上昇し，瞳孔が開くといった一連の生理的反応が引き起こされる。このような身体的変化は，おもに自律神経系と内分泌系によって引き起こされている。

〔1〕**自律神経系**　自律神経系は骨格筋以外の器官，すなわち内臓などの制御を司っており，その反応は身体の広い範囲で起こる。自律神経系には交感神経系と副交感神経系があり，ほとんどの器官は両方の入力を受けている。大まかには交感神経系の活動は身体的な興奮状態を，副交感神経系の活動は安静状態を導く。交感神経系と副交感神経系は拮抗支配の関係にあり，各器官の活動は交感神経系と副交感神経系からの入力のバランスによって調整される。例えば，交感神経系の活動が優位な場合には心拍数の上昇や消化機能の抑制が引き起こされるのに対し，副交感神経系の活動が優位な場合には心拍数の減少や

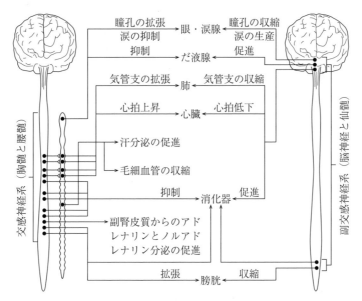

図 6.4 自律神経系による制御

消化機能の促進が導かれる（図 6.4）。

〔2〕 内分泌系　身体状態の全体的な変化を引き起こすもう一つの重要なシステムは内分泌系である。内分泌系は，血液中に化学物質（ホルモン）を分泌することにより，脳と身体の両方に影響を及ぼすことができる。血液中にホルモンを分泌する二つの主要な部位の一つは，視床下部のすぐ下にあり，その制御を受ける下垂体である（もう一つは腎臓のすぐ上にある副腎である）。視床下部のニューロンは下垂体まで伸びて直接ホルモン（神経ホルモン）を血液中に分泌したり，視床下部近辺の血液中へホルモン（向下垂体ホルモン）を分泌して下垂体でのホルモン分泌を促進したりする（図 6.5）。このようにして分泌されたホルモンが血流に乗って身体のすみずみへ行き渡り，身体状態に変化をもたらす。

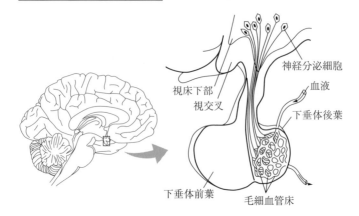

図 6.5　視床下部による内分泌系の制御

6.3　視　床　下　部

　視床下部は自律神経系,内分泌系を制御する中枢であり,したがって情動（身体的反応）を引き起こす重要な部位である。また視床下部は視床や扁桃体からの入力を受け取り,攻撃行動を制御する。動物の視床下部に電極を刺して電気刺激を与えると,通常は怒りを引き起こさないような状況でもうなり声を上げ,毛を逆立たせるなどの怒りを表す行動を示す。刺激を止めるとすぐに怒り行動は消失し,また元の安静状態に戻る。このような反応を「見せかけの怒り（sham rage）」という。これは本当には怒っていないのに身体は怒りの反応を示す,つまり怒りの感情を伴わない怒りの情動反応だといえる。

　ネコなどの動物を大脳皮質を取り除いた状態にすると,些細な刺激に対しても怒り反応を示すようになる。この怒り反応は,視床下部後部を残してそこから上の部位を切断しても見られるが（**図 6.6** 中①,②）,視床下部を取り除くと起こらなくなる（図中③）。このことから,情動反応を引き起こすには大脳皮質は必ずしも必要ではなく,視床下部が皮質下の入力を直接受け取ることで,情動反応が発現することがわかる。

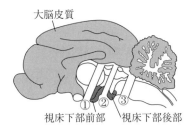

図 6.6 視床下部（ネコ）の切断と「見せかけの怒り」

6.4 扁 桃 体

6.4.1 扁桃体の構造

　前述の通り，情動にとって最も重要な脳部位は扁桃体である。1937年，神経科学者のクリューバーとビューシーは，アカゲザルの両側側頭葉の切除術が，恐怖に対する動物の反応に劇的な変化をもたらすことを報告した。術後のサルは手にしたものを何でもすぐに口に持っていく傾向が強くなった。最も顕著な変化は，恐怖と攻撃性の減衰である。正常なサルはヘビなどの天敵を恐れて近づかないが，側頭葉を切除したサルは落ち着いてヘビに近づくだけでなく，手にとって食べようとさえするのである。このような一連の症状をクリューバー＝ビューシー症候群と呼ぶ。側頭葉損傷によってヒトでもほぼ同じような症状が現れることも確認されている。クリューバー＝ビューシー症候群に見られる情動の平坦化は，現在では扁桃体の破壊の結果であることがわかっている。

　扁桃体（amygdala）は側頭葉前部（側頭極）の内側部にあり（**図6.7**），その名前は形がアーモンドに似ているところからきている。扁桃体は，基底外側核群，皮質内側核群，中心核の三つに分けられ，大脳新皮質，海馬，帯状回など脳の多くの部位からの入力を受けている。このうち感覚系からの入力はすべて基底外側核群に入る。扁桃体からの出力はおもに中心核から出ており，視床下部や中脳へ投射される。また基底外側核群から皮質へのフィードバック投射もある。

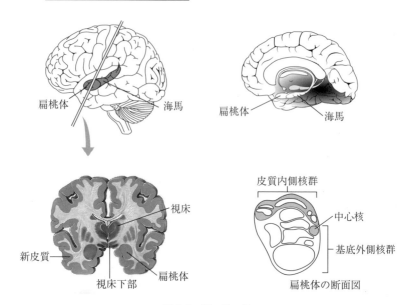

図 6.7　扁桃体

6.4.2　恐怖条件づけ

　扁桃体が情動に重要な部位であることは，**恐怖条件づけ**に関する実験によっても示されている。われわれは強い恐怖を感じた出来事はよく覚えており，つぎに似たような状況に直面したときには，恐怖の応答が迅速に引き起こされる。例えば，ある音が鳴ったら弱い電気ショックが与えられるようにラットやウサギを条件づけすると，音を聞いただけで恐怖反応（心拍数の上昇など）が見られるようになる。これを恐怖条件づけという。

　神経学者のルドゥーは，ラットを用いて恐怖条件づけの神経回路を詳細に検討した[28]。彼らはまず大脳皮質の聴覚野を損傷させても，音と電気ショックの恐怖条件づけが成立することを確かめた。これは恐怖条件づけに大脳皮質による聴覚処理が必須ではないことを示している。つぎに，視床のうち聴覚入力を扱っている部位を損傷させると恐怖条件づけが完全に妨げられることを確認した。ついで聴覚視床が投射している先を調べ，ついにそのうちの一つである扁桃体を損傷させたときにのみ恐怖条件づけが妨げられることを突き止めた。つ

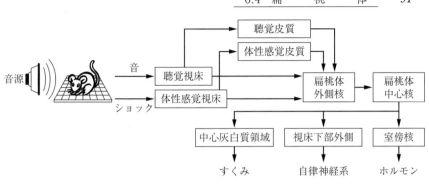

図 6.8 恐怖条件づけ

まり，恐怖条件づけが起こるには視床から扁桃体へ投射するルートが重要であることがわかった（**図 6.8**）。

恐怖条件づけのときの扁桃体の中心核ニューロンの反応を記録すると，条件づけの前には音に対して反応しなかったにも関わらず，条件づけ後にはその音に対して強く反応するようになり（ほかの音に対しては反応しない），さらに条件づけの後に扁桃体を破壊すると，音に対する恐怖反応が消失することがわかった。これらの事実は，扁桃体が恐怖条件づけに深く関与していることを示している。ルドゥーはこの結果を元に先述した情動の二つの経路モデルを提唱した。なお，ヒトを対象とした同様の恐怖条件づけの fMRI 実験でも，電気ショックと関連した音を聞かせると扁桃体が強く活動することが示されている[29]。

6.4.3 表情認知

〔1〕 恐れの表情認知　扁桃体は，自らの情動の処理だけでなく，他者の表情，特に恐れの表情の認知に重要な役割を果たす。例えば両側の扁桃体を損傷した患者は，ほかの表情は読み取れるにも関わらず，恐れの表情を読み取ることができない[30]。ただしこの障害は表情の認知だけに起こり，患者自ら表情を生成することは可能である。また前頭眼窩野の損傷患者（6.6 節で詳述）とは異なり，社会的な刺激に対して適切に反応することができる。

同様の知見はヒトを対象としたfMRI実験などでも示されており，ニュートラルな表情に比べて，感情を伴う表情，特に恐れの表情を見たときに扁桃体は強く活動する。興味深いのは，扁桃体の活動は，非常に短時間（十数ミリ秒）の閾下刺激提示（被験者は刺激を見たことを意識できない）でも引き起こされることである[31]（図6.9）。この結果は，表情刺激によって扁桃体の活動が引き起こされるには意識的なプロセスは必ずしも必要でなく，無意識下で処理が行われていることを示している。実際に情動閾下刺激はその後の行動を変化させられることが行動実験で示されている[32]（情動プライミング）。また別の例として，視覚野を損傷したために盲目となった患者も，情動刺激を感知できることが知られている。これは，意識的視覚情報がなくても適切な運動ができる盲視（3章参照）の例とよく似ている。

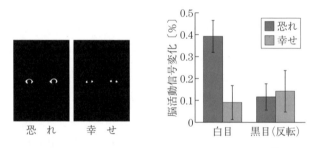

図6.9 恐れ顔の閾下刺激提示による扁桃体の活動[1]

〔2〕 **恐れ以外の表情認知** 扁桃体は恐れの表情に対して強い活動を示すが，一方で嫌悪の表情に対して強く活動するのは島皮質前部である。この領域は，自分が嫌悪を感じているとき，また他者の嫌悪表情を見たときに活動することが知られている[33]。また，島皮質を損傷した患者が嫌悪表情を認識できないことも報告されている。怒りや悲しみ，幸せなどほかの種類の表情に対する脳活動も計測する試みはあるが[34]，これまでのところ局在化された脳部位の活動を特定するには至っていない。

6.5 島 皮 質

6.5.1 島皮質の脳内身体表現

情動が身体的反応と密接に結びついている一方で，感情はその意識的表現と密接に関連している．そのためには，脳は身体の状態を何らかの形でコードしているとともに，この身体表現に意識的にアクセスできる必要がある．このような感情のベースとなる脳内身体表現のある場所として注目されているのは島皮質である[35]．島皮質における身体表現は内受容感覚的身体表現（心拍や体温，内臓感覚など）が主であり，感覚運動領野に見られる身体運動表現とは区別して考えられる．

末梢神経からのホメオスタシス（心拍，血流量，温度，酸素レベル，pH など）情報は，脳幹核，視床を経て最終的に島皮質に投射される[36]（**図 6.10**）．興味深いことに，これらの内受容感覚情報を送る神経経路は，一次体性感覚野へ投射される身体運動に関わる神経経路とは完全に分離されている．島皮質からはさらに帯状回や腹内側前頭前野への投射がある．

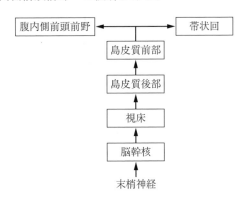

図 6.10 末梢から島皮質への投射経路

6.5.2 痛みの感情

最近の脳機能画像研究によると，自身が痛みを被っているときには島皮質，

帯状回，一次および二次体性感覚野などが活動する[37]。これらのうち，体性感覚野および島皮質後部は痛みの物理的な強さと関連した活動を示し，島皮質前部と帯状回は被験者が主観的に感じた痛みの強さと相関した活動を示す。このことからクレイグ[38]は，身体の生理的状態が島皮質後部に入力され，それを意識的にアクセス可能な情動表現に変換したものが島皮質前部でコード化されるというモデルを提案している。一方，帯状回はネガティブな情動や痛み，認知的制御での活動が多く報告されている。島皮質前部と帯状回は，痛みのほかに嫌悪や不安などでも活動することが報告されており，この二つの部位が感情の処理に重要であることを示している。

6.5.3 内受容感覚と感情

内受容感覚が島皮質前部および帯状回前部で処理されていることも繰り返し示されている。例えば自分の心拍数を数えさせたり（心拍カウント課題），心拍と同期してタッピングをさせたり（心拍同期課題）すると，成績のよい人では島皮質と帯状回の活動が亢進する[39]。また心拍課題の成績のよい人は不安傾向も高いことが示されている。さらに内受容感覚が敏感な人はそうでない人と比べて感じる感情の度合いも強いことが示されている[40]。これらの知見は自己身体情報（特に内受容感覚）の意識化と感情が関連していることを示唆しており，ジェームスの末梢起源説を現代の脳科学の知見で再び正当化しつつあるといえる。

これと関連して，自らの感情を言語化することが困難な**アレキシサイミア**（失感情症）と呼ばれる症状もある[41]。アレキシサイミア者は必ずしも内受容感覚や情動を持っていないわけではなく，それを意識化もしくは言語化することができないという部分に主要な困難がある。自分の感情を捉えられないことによって心身症を患ってしまうケースも多く存在する。アレキシサイミアの脳内機序はまだ解明されていないが，島皮質や帯状回の関与を示す知見が徐々に蓄積されつつある。

6.6 腹内側前頭前野・前頭眼窩野

6.6.1 フィニアス・ゲージの症例

腹内側前頭前野および前頭眼窩野も情動，感情の処理にとって重要な部位である。その最も有名な損傷患者の例はフィニアス・ゲージである（**図 6.11**）。ゲージは鉄道建設作業の主任であったが，作業中の爆発によって鉄棒が頬から頭の前頭部まで突き抜ける事故にあい，一命は取り留めたものの性格がまったく別人のように変わってしまった。彼は事故前は勤勉で有能であったが，事故後は幼稚で無責任かつ不注意になってしまった。知的には事故前とあまり変わらず，常識的な知識を問う質問

図 6.11 ゲージの症例（主治医 J.M. ハーロウによる）

には適切に答えられた。しかしながら，夕食をどこでとるかを何時間も決められなかったり，友人に対して失礼な発言を平気でしたり，日常生活において適切な社会行動をとることができなくなってしまったのである。

6.6.2 社会的感情

羞恥心や罪悪感，誇りなどの複雑な感情は社会的なやりとりに関わっており，**社会的感情**と呼ばれる。腹内側前頭前野および前頭眼窩野は社会的感情およびそれに関連する情動の処理に重要な部位であり，ゲージのようにこの部位に損傷を負った患者は，社会的感情，情動を極度に損なう。これらの患者は安定した人間関係を維持できず，社会的慣習を破るなど，さまざまな問題を引き起こしてしまう。また，通常なら情動を生じさせる画像に対して，その内容は完全に理解しているにも関わらず，心拍数変化などの身体的反応は生じない。興味深いことに彼らは，社会的ルールについて基本的な知識を持っているにも関わらず，社会的に不適切な行動をしばしばとってしまう。この行動上の問題は知

識の欠損が原因ではなく，社会的感情と情動の処理の障害に起因すると考えられている[42]。実際に，この部位を損傷した患者は，社会的に適切な行動をとるための情動情報をベースとした意思決定に障害が見られる（8.4.3項「ソマティックマーカー仮説」で詳述）。

6.7 報 酬 系

ここまでは主としてネガティブな情動に関連する脳領野について見てきた。これはネガティブな情動は比較的はっきりした脳活動を引き起こすのに対して，ポジティブな情動についてはそれほど顕著な活動を発見できなかったというこれまでの経緯を反映している。しかしながら，近年はポジティブな情動についての脳内機序も少しずつ明らかになりつつあり，特に快情動を引き起こす「**報酬**」を処理する**報酬系**（reward system）と呼ばれる一連の脳領野についての理解が深まりつつある。

6.7.1 ドーパミンニューロン

報酬系の主要な脳領野は，ドーパミンを神経伝達物質とするニューロン（ドーパミンニューロン）で構成されている。ドーパミンニューロンは中脳の黒質（substantia nigra）と腹側被蓋野（ventral tegmental area）に存在し，ここから線条体と辺縁系，前頭葉の広い範囲へ投射している（**図 6.12**）。ドーパミンニューロンは，餌や水分などの報酬を受け取ったとき，およびそれらを予測さ

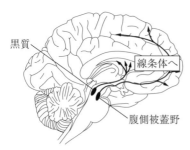

図 6.12 ドーパミンニューロンの投射先

せる刺激（手がかり刺激）などを提示されたときに活動する[43]。一方でドーパミンニューロンは「罰」となる刺激にはあまり活動を示さない。また報酬を予測しているときに報酬が得られないと活動が減少する。

ドーパミンニューロンからの投射を受ける線条体や前頭眼窩野，腹内側前頭前野，視床下部，帯状回前部，扁桃体なども，報酬系の主要な構成要素である[44]（図6.13）。特に線条体はドーパミンニューロンの投射を強く受け，報酬の予測や強化学習に深く関わっている。線条体の中では腹側線条体が重要であり，淡蒼球や尾状核よりも顕著な活動を示す。報酬は快情動を引き起こすだけでなく，その個体がつぎに似たような状況に直面したとき，過去に報酬を得たのと同じ行動をとらせるように行動選択確率を修正する働きがある。これは**強化学習**（reinforcement learning）といい，動物一般に見られる適応戦略である。この観点からすると，ドーパミンニューロンは報酬そのものに対して反応するというよりも，報酬予測誤差（reward prediction error）に対して反応することがわかっている。この活動は強化学習の計算モデルとも整合性が高く，精力的に研究が進められている。強化学習のメカニズムについては7章で再度詳しく見る。

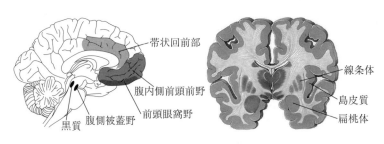

図6.13 報 酬 系

6.7.2 高次の報酬表現と意思決定

線条体などのドーパミンニューロンが報酬の予測に関わるのに対して，腹内側前頭前野や前頭眼窩野は報酬を得るための意思決定における状況評価に関連している。この部位を損傷すると社会的に適した行動を選択できなくなること

は前述の通りである（6.6節参照）。特に腹内側前頭前野はさまざまな情報を高次に統合する必要がある社会的意思決定に関連しており，例えば他者の受け取る報酬の予測，他者の利益のための意思決定，公平性などの社会的状況の価値判断など，高次で抽象的な報酬を柔軟に表現できることが報告されている[45]。

また他者が成功するのを見たときに，直接関係のない自分が嬉しくなることがあるが，これは**代理報酬**と呼ばれる。例えばスポーツ選手を応援したり，テレビドラマを鑑賞したりすることもこれに含まれる。このとき腹内側前頭前野や帯状回前部が活動しており，このような代理報酬の処理を行っていることが示されている[46),47)]。

6.7.3 快感情の主観的経験

快感情の主観的経験には前頭眼窩野や扁桃体，島皮質，帯状回前部などが関わっている[48]。前頭眼窩野は，自分の行動によって得られる報酬を予測させる刺激に対して選択的な活動を示す。例えば特定の餌に対して選択的な活動を示すニューロンが存在する。ヒトを対象としたfMRI実験においても，食べ物を摂取したときや音楽を聞いたときの喜びの主観的な強度と相関した活動が報告されている。扁桃体は恐怖などのネガティブな情動だけでなく，報酬に対しても活動することが示されており，前頭眼窩野と同様に報酬の種類によって異なる活動を示す[49]。島皮質と帯状回前部は前述の通り，身体内部の状態の処理と関わっており，痛みや嫌悪などの不快感情だけでなく快感情（報酬）に対しても活動する。例えば暖かく心地よい熱刺激を肌に当てると，島皮質と前頭眼窩野が活動する。これらの結果は，快情動を意識化して快感情を経験するために，前頭眼窩野をはじめとする報酬系の高次の脳領野が関わっていることを示している。

7章 記憶と学習

一般に，学習とは新しい情報や技能を獲得するプロセスであり，記憶はそのプロセスを通じて形成された脳内の表現である．記憶には言語的に再生されるものもあれば，運動など非言語的に再生されるものもある．本章では記憶と学習にはどのような種類のものがあるのか，またそれぞれにどのような脳領野が関わっているのかについて学ぶ．さらに記憶が脳に固定化されるメカニズムについても徐々に明らかになっており，その概略を見ていく．

7.1 海　　馬

7.1.1 H. M. の症例

1950年代中頃，27歳の男性 H.M. は側頭葉を起因とするてんかん発作に悩まされていた．当時はてんかん治療の際に，その起点となる脳部位を切除する手術がよく行われており，彼もこれに倣って手術を受け，両側の海馬，扁桃体，側頭葉の一部を除去した．手術は成功し，てんかん発作は改善した．しかしながら，代わりに重篤な記憶障害（健忘症）を負ってしまった．

術後も彼の短期的な記憶は正常であり，数十秒から数分間，物事を覚えておくことができた．また自分の名前や職業，幼少期の記憶など手術前に起きた出来事に関する記憶も保持しており（ただし手術前の数年間の記憶については曖昧な部分も見られた），IQ も正常であった．それにも関わらず，彼は新たな記憶を形成することがまったくできなくなってしまった．会った人のことを覚えられず，何度会ってもはじめて出会ったような反応を示した．何かを覚えるように指示しても，数分間は記憶できるものの，何かほかのことをはじめるとす

ぐに忘れてしまった。手術から何年か経っても自分はまだ 27 歳だと思っていたのである。

　これらの症状は，彼が短期的な記憶を長期的な記憶へ移行させる能力を失ってしまったことを意味している。このように新しい記憶を形成できない症状を**順行性健忘**（anterograde amnesia）という。逆に，過去の記憶を失うことは**逆行性健忘**（retrograde amnesia）という。

　H.M. のような順行性健忘は，両側の内側側頭葉に損傷を負った患者では一般に見られ，中でも**海馬**（hippocampus）と呼ばれる側頭葉内側にある細長い構造体（タツノオトシゴのような形をしている）が重要な役割を果たすことが明らかにされている（図 7.1）。例えば R.B. という患者では，海馬の CA1 と呼ばれる部位の錐体細胞のみが破壊されていたが，順行性健忘の障害の程度は H.M. とほぼ同等であった[50]。

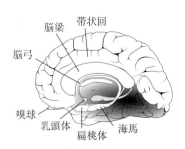

図 7.1　海馬とその周辺の構造

7.1.2　海馬の神経回路

　海馬はさまざまな情報を内側側頭葉にある海馬傍回の一部である嗅内皮質（entorhinal cortex）から受け取っている（図 7.2）。海馬からのおもな出力は CA1 領域から出るが，この CA1 は記憶や学習にとって重要な領域であることが多くの臨床報告や実験で示されている。嗅内皮質から CA1 への情報伝達には，直接経路と間接経路の二つがある。直接経路は嗅内皮質のニューロンから CA1 の錐体細胞の遠位へ直接シナプス結合している。間接経路は，まず嗅内皮質から歯状回の顆粒細胞へ投射する。ここから苔状線維経路を通って海馬の CA3 領域の錐体細胞を興奮させる。最後に CA3 からシャッファー側枝経路を

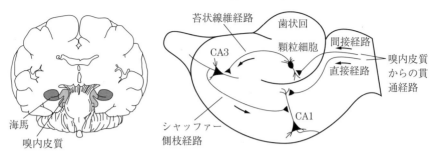

図 7.2 海馬の神経経路

通って CA1 錐体細胞の近位へ投射される．動物の損傷実験を行うと，直接経路と間接経路のどちらが損傷されても記憶障害が起こる．

7.1.3 海馬における長期増強と空間記憶

海馬の神経回路で発見されたシナプス結合の可塑性に関する重要な性質として，**長期増強**(long-term potentiation：**LTP**)がある[51]．LTP とは，二つのニューロン間の信号伝達の効率が比較的長期に渡って上昇する現象である（付録 A.5 節参照）．

これまでの研究から，海馬の LTP は空間記憶の形成に重要な役割を果たすことがわかっている．例えばマウスをモリス水迷路と呼ばれるプールの中に入れると，不透明な液体によって見えなくなっている足場の位置を学習することができる（**図 7.3**）．最初は無作為に泳ぎ回り，偶然に足場にたどり着くことが

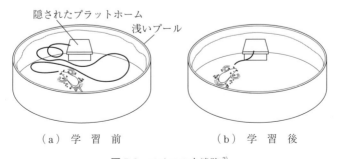

図 7.3 モリスの水迷路[3]

できるわけだが，徐々に周りの壁の模様などの手がかりを使って，足場の位置を学習することができる．このような学習が行えるためには，周囲の空間の認知地図が脳内に存在しなければならない．

ラットのCA1とCA3の錐体細胞の活動を記録すると，これらの細胞は個体が空間内のある位置にいるときにだけ選択的に活動することがわかり，これを**場所細胞**（place cell）と呼ぶようになった．場所細胞は新しい環境に入ってものの数分のうちに形成され，数週間から数ヶ月の間安定して存在する．

LTPはこの場所細胞の安定化に必要であり，海馬にLTP阻害薬を投与すると，前述のモリス水迷路の学習ができなくなる．一方で，学習後にLTP阻害薬を投与しても，記憶の想起は阻害されない．したがって海馬におけるLTPは空間記憶の形成に重要だが，記憶の保持と想起には関わっていないことがわかる．

7.2 記憶のモデル

7.2.1 記憶の3ステージ

前節で海馬が記憶形成に重要な役割を果たしていることを見たが，ここで記憶に関する重要なモデルをいくつか見ておこう．

記憶には一般に三つのステージがあると考えられている．**符号化**（encoding），**貯蔵**（storage），**想起**（retrieval）である．符号化は入ってくる情報を記憶できる形に処理することである．貯蔵は情報を内部に保持することであり，これにはH.M.の症例からも推測できるように短期的なもの（短期記憶）と長期的なもの（長期記憶）がある．想起は蓄えていた情報を思い出して利用することである．これには大きく分けて再生と再認の二つがあり，覚えた項目を紙に書き出したり口に出したりすることを再生，覚えた項目を見せたり聞かせたりして，それが実際に覚えた項目であったかどうかを答えさせることを再認という．再認の場合には，記憶させていない項目（ディストラクタ）も含めて，正しく認識，棄却できるかどうかを調べる．一般に再生よりも再認のほうが容易である．

7.2.2 記憶のエラー

記憶のエラーはこの3ステージのどこでも起こりうる。一つ目は符号化のエラーであり，情報を覚える際に適切な符号化ができなかったために起こるエラーである。そもそも対象に対して適切に注意を向けなかったために符号化されなかったり，何らかの理由で符号化が適切に行われなかったり（思い込みや偏見など）ということがありうる。一般に情報に対して浅い処理（例えば提示されている単語が漢字かひらがなか判断させる）だけをしたときよりも深い処理（例えば提示されている単語が抽象的か具体的かなど，意味的な処理をさせる）をしたときのほうが記憶に残りやすい。これを処理水準効果（levels of processing effect）と呼ぶ。また符号化する情報をほかの情報と結びつけて処理したほうが記憶に残りやすい。これを精緻化という。これらは符号化のプロセスが記憶にとって重要なことを示している。

二つ目は貯蔵のエラーであり，符号化はできたものの長期的な記憶として残れなかった場合である。前節で見た海馬の損傷はこの貯蔵エラーを引き起こす。一般に短期的な記憶には容量の限界があり，同時にはあまり多くの情報を保持できないことが知られている。また短期的な記憶がすべて長期的な記憶へと移行するわけでもない。エビングハウスは19世紀に行った研究で，記憶が忘却される過程をはじめて数値的に明らかにした（エビングハウスの忘却曲線，図7.4）。彼はまず無意味な文字の綴り（無意味綴り）のリストを自分で覚えた。その後，1時間～1ヶ月後まで計6回の記憶テストを行った。テストでは先に覚えた無意味綴りのリストをもう一度すべて覚えるまでに何回復唱が必要かを調べ，1回目に覚えたときの回数との差分を記憶による効果とした。その結果，

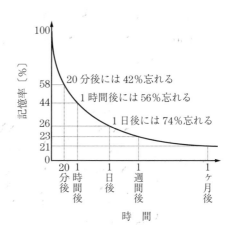

図7.4 エビングハウスの忘却曲線

1時間後にはすでに約 40% の記憶しか残っていないことがわかった。しかしその後の忘却はあまり起こらず，1ヶ月後でも 21% の記憶を保持できていた。これは短期的な記憶から長期的な記憶へ移行するのはごく一部の情報であり，多くの（ただし無意味な）情報は貯蔵の段階で失われてしまうことを示している。

三つ目は想起のエラーであり，記憶できた情報を正しく思い出せないことがそれにあたる。いわゆる「度忘れ（tip of the tongue）」のことであり，われわれはよく知っているはずのことを一時的に思い出せなくなることがある。そのときは思い出せなくてもしばらくすると思い出せるので，記憶自体がなくなったわけではない。むしろこの場合には想起のエラーが起こったと考えるのが妥当である。想起については，事象を符号化したときと同じ状況にいると想起しやすくなる（文脈依存効果）などの効果が知られている。

7.2.3 短期記憶と長期記憶

記憶の 3 ステージをうまく説明できるモデルとして，アトキンソンとシフリンが 1968 年に提唱した二重貯蔵庫モデルがある[52]（図 **7.5**）。このモデルにおいて記憶はその保持時間の長さから，**感覚記憶**（sensory register），**短期記憶**（short–term memory），**長期記憶**（long–term memory）の三つに分けられる。感覚記憶は数百ミリ秒〜数秒，短期記憶は数十秒〜数分，長期記憶は一生保持されると考えられている。

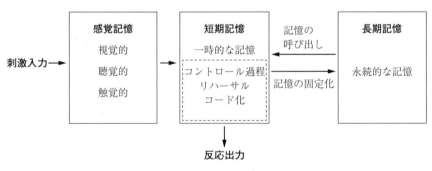

図 **7.5** 二重貯蔵庫モデル

7.2 記憶のモデル

〔1〕 **感覚記憶** 感覚記憶は，記憶というよりも情報の痕跡といったニュアンスであり，眼や耳から入った情報がそのままの形で（符号化される前の状態で）数百ミリ秒〜数秒間保持されることをいう．例えば何かをじっと見た後に眼を閉じると残像と呼ばれるものが見えるし，ぼうっとしているときに話しかけられると瞬時には理解できなくても，数秒間であれば聞いたことを遡って思い出すことができる．しかし何もしなければ，これらの情報はすぐに失われてしまう．

感覚記憶の存在を巧みに示した例として，1960年に行われたスパーリング[53]の実験がある．実験では，3×4に配置した12個のアルファベットを50 ms間だけ提示する．その直後に覚えた文字をすべて答えさせると，およそ4個報告できることがわかった．見えた項目全体から報告させるので，これを全体報告と呼ぶ．別の条件として，12個のアルファベットを提示した後すぐに，高音，中音，低音のいずれかの高さの音を聞かせ，高音なら上の行，中音なら中央の行，低音なら下の行のアルファベットを報告させた．これを部分報告と呼ぶ．もし全体報告のときのように覚えているのが4個であれば，部分報告では4÷3で平均報告数は1.3個前後になると予想される．しかしながら実際の結果は3個以上と，大幅に成績がよいことがわかった．ただし刺激が消えてから音が鳴るまでの時間を300 msにするとおよそ2個，1秒にするとほぼ1.3個まで低下してしまった．これは提示された視覚刺激が消えた後も数百ミリ秒の間であれば感覚記憶として残っており，聞いた音の高さによって適切な情報を「見る」ことができたからだと解釈できる．しかし1秒経ってしまうと，符号化された記憶の中から探さなければならないので全体報告と同じ正答率になる．このように，感覚記憶には符号化される前の感覚情報がほぼそのままの形で保持されていると考えることができる．

〔2〕 **短期記憶** 感覚記憶のうち，適切に注意が向けられ符号化されたものは短期記憶へと渡される．短期記憶は数十秒〜数分の保持時間があり，認知過程にも重要な役割を果たす．短期記憶には限界があることが知られており，一度に覚えておける項目の数は7個前後であるといわれている．さらに刺激提

示直後に別の課題を行わせると約20秒以内にほぼすべての記憶が消失してしまう。それ以上の期間記憶を保持したければ，頭の中でその項目を繰り返し唱える（リハーサル）必要がある。最終的には，短期記憶に蓄えられた情報のごく一部が長期記憶へと移行する（図7.5）。

7.2.4 長期記憶の種類

H.M. などの重篤な記憶健忘の患者から得られたもう一つの重要な知見は，彼らは自分の身に起こった出来事はまったく記憶できなかったにも関わらず，技能の習得は行えたという点である。例えば複雑な工芸品の作り方を教えると，最初は間違いを多くするが，何日も続けるうちに健常者と同程度の技術を身につけることができる。ただし本人はその練習をしたこと自体は覚えていない。このことは出来事の記憶と技能の記憶は異なる種類の記憶であり，海馬の損傷は前者だけを障害することを意味している。

〔1〕 **顕在記憶**　記憶は，顕在記憶（explicit memory）または宣言的記憶（declarative memory）と潜在記憶（implicit memory）または手続き記憶（procedural memory）に分けられる。顕在記憶はさらに，自分の身に起こった出来事の記憶である**エピソード記憶**（episodic memory）と，単語や概念の意味に関する記憶である**意味記憶**（semantic memory）の二つに分けられる。海馬を含む内側側頭葉はエピソード記憶と意味記憶の両方に重要な役割を果たす。エピソード記憶と意味記憶はたがいに依存している。例えば「ライオン」がどのような動物かというのは意味記憶であるが，最初から意味記憶として存在していたのではなく，動物園に行ったときにライオンを見たとか，図鑑の中でライオンを見たなどのエピソード記憶がいくつも集積する中で，しだいに意味記憶が形成されていくと考えるのが妥当である。また日常生活のエピソードは意味記憶があるからこそ意味のあるものとして解釈される。意味記憶どうしはさらにたがいに関連し合っており，それらが体系的な「知識」として形成されていると考えられる。

〔2〕 **潜在記憶** 一方，潜在記憶は運動技能やプライミング，条件づけなどの現象と関わる。例えば自転車に乗るという技能は，最初は乗れなかったのに練習を重ねることで乗れるようになったのであるから，記憶といってよい。このような記憶は意識的，言語的に扱える顕在記憶とは異なり，無意識的，非言語的であるという意味で潜在記憶と呼ぶ。前述の通り，潜在記憶は海馬の損傷によっては障害を受けない。潜在記憶の脳内基盤については7.5節で再び取り上げる。

7.3 ワーキングメモリ

短期記憶はわれわれの認知活動において重要であるが，もう少し詳しく考えてみると，単純に情報を保持していればよいということは少なく，むしろ計算や会話など，情報を保持するだけでなく処理もしなければならないケースがほとんどである。例えば「38＋45は？」と聞かれたときには，頭の中で数字を視覚的にイメージしながら筆算をするだろう。あるいは会話を行う際には，相手のいったことを頭に留めつつ，それに対してどのように返事をしようか考える。このように，関連した情報を保持しながら同時にその情報の処理も行うように短期記憶の扱う範囲を拡張した概念を**ワーキングメモリ**（working memory）という[54]（**図7.6**）。

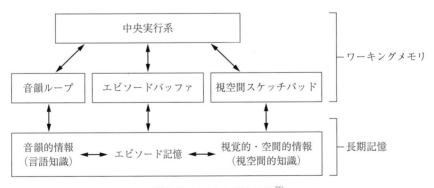

図7.6 ワーキングメモリ[55]

7.3.1 ワーキングメモリの構成要素

ワーキングメモリのモデルとして，言葉などの情報の保持，操作を行う音韻ループ（phonological loop）と視覚イメージ情報の保持，操作を行う視空間スケッチパッド（visuospatial sketchpad），そしてそれらの制御を行う中央実行系（central executive system）の三つからなる仕組みがバッデリーらによって提案されている（新しいモデルでは，過去に起こった出来事を呼び出すエピソードバッファと呼ばれる部分が追加された[55]）。音韻ループは，同じ言葉を繰り返し内的に唱えたり（リハーサル），会話で相手の話した内容を覚えておいたりするときに用いられる。視空間スケッチパッドは地図や絵などの情報を短期間覚えたり，暗算など視覚的イメージを内的に操作したりするときに用いられる。

7.3.2 ワーキングメモリの脳内基盤

ワーキングメモリに関わる脳領野についても理解が進んでいる[56]。音韻ループは音韻情報の保持とそれを維持するための内言（発声を伴わずに自身の心の中で用いる言葉）の二つの過程が必要であるが，それぞれ左半球の後頭頂葉（縁上回）とブローカ野が関係していることが示唆されている。また視空間スケッチパッドは，視覚的情報や空間位置情報のイメージが関わっている。これらのイメージは頭頂葉，下側頭葉，後頭葉の高次視覚野に蓄えられ，その操作には背外側前頭前野や運動前野が関わっていると考えられている。脳損傷患者の症例から，視空間スケッチパッドは両半球にまたがっているが，右半球損傷の場合のほうが障害が大きく出ることが報告されている。

また，前頭前野（特にBA46野）がワーキングメモリに関与していることを示す証拠も数多く報告されている。1992年にゴールドマン・ラキーチら[57]は，つぎのような二つの課題をサルに行わせた（**図7.7**）。一つ目の課題（図(a)）は，まずサルに餌の位置を見せてから目隠しをして遅延期間をおき，その後に正しく餌の位置を選べるかどうかを調べる。これはワーキングメモリを必要とする課題である。二つ目の課題（図(b)）は，あらかじめ視覚的手がかりと餌を

7.4 長期記憶の形成 109

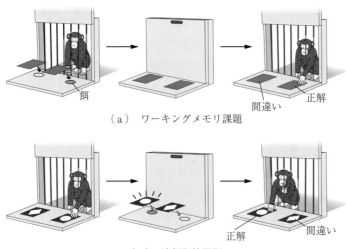

(a) ワーキングメモリ課題

(b) 連想記憶課題

図 7.7 記 憶 課 題

関連づけておいたサルが，その連関に基づいて正しく餌を選べるかを調べる（例えば，餌はいつも丸が描かれたカードの下にある）。これは長期的な連想記憶を必要とする課題であり，ワーキングメモリは必要としない。通常のサルはどちらの課題もこなせるが，背外側前頭前野を損傷させたサルではワーキングメモリ課題ができなくなる。このことはワーキングメモリには背外側前頭前野が重要であること，長期記憶はワーキングメモリとは異なる脳部位に保持されていることを示している。

7.4 長期記憶の形成

　短期記憶に蓄えられた情報は，何もしなければ失われてしまう。しかしながら実際には一部の情報は長期記憶へ移行し，そのまま保持される。この短期記憶から長期記憶への移行はどのように行われるのだろうか。短期的な記憶の場合には，神経細胞の持続的な活動で十分に実現できるが，記憶が長期記憶として固定化するためには，神経細胞のネットワークが可塑的に変化する必要があ

る。短期記憶にある情報が長期記憶へ移行する過程を**記憶の固定化**（memory consolidation）という。

7.4.1 長期記憶のありか

長期記憶が脳のどこにあるのかについての定説はまだないが，側頭葉が深く関わっていることを示唆する証拠はある。側頭葉前部（嗅内皮質など海馬傍回（parahippocampal cortex）の一部を含む）を損傷した患者は，しばしば重い逆行性健忘になり，損傷した時点から過去数十年に渡る記憶を失うこともある。しかしながら，このような患者も新しい記憶を形成することは可能である。このことは，側頭葉は長期記憶の一部を貯蔵しているかもしれないが，新しい記憶を形成するのに必須ではないことを示唆している。

前頭前野が長期記憶の形成と想起に関連していることを示唆する知見も多い。fMRI 実験により，情報の符号化において深い処理（意味的処理）をしているときのほうが浅い処理（形態的処理）のときよりも左前頭前野と内側側頭葉の活動が高くなることが報告されている。さらに後で再認できた単語と忘れてしまった単語を比較すると，覚えていた単語のほうが符号化をしているときの左前頭前野と内側側頭葉の活動が高かった（**図 7.8**）。これらの結果は，長期

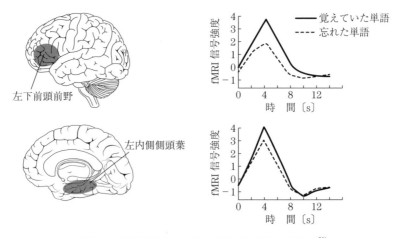

図 7.8 長期記憶に残る事象の符号化に関わる脳領域 [58]

記憶が形成される過程において，前頭前野と内側側頭葉が協調して働いていることを示唆している。

7.4.2　記憶の固定化

記憶の固定化には，二つのフェーズがあると考えられており，早期固定化と後期固定化がある。これに関する一つの知見として，うつ病患者に対する電気けいれん療法（ECT）の副作用がある。ECT は脳に強い電流を流すことで重篤なうつ病へ効果を示す療法であるが，過去数ヶ月の比較的最近の記憶が消失する逆行性健忘が起こることがある（**図 7.9**）。このことは短期記憶から長期記憶への早期固定化が起こっていても，より強固な長期記憶として定着するにはその後の後期固定化が必要であることを示している。ECT によって失われた比較的最近の記憶はまだ十分に固定化が進んでいなかったと考えられる。

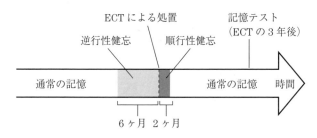

図 7.9　ECT による逆行性健忘

一般に逆行性健忘は最近のものから忘れるケースがほとんどであり，幼少期の記憶は失われにくい。つまり古い記憶ほど固定化が進んでいる。健忘の期間については数ヶ月から数十年に渡るケースがあり，固定化にかかる期間は一概には結論できない。海馬やその近傍の皮質には最近の数年間の記憶が貯蔵されており，それが徐々に新皮質に移されていくという考えも提案されている。内側側頭葉とさまざまな皮質領域の相互作用が記憶の固定化に関連しているというのが，現在の主流の見解であるといえる。

7.4.3 記憶の固定化と睡眠時の脳活動

記憶の固定化には睡眠が深く関与していることもわかってきている．睡眠はレム睡眠（急速な眼球運動を伴う浅い眠り）とノンレム睡眠（深い眠り）に大別できるが，このうちのノンレム睡眠が記憶の固定化と深く関わっている．例えば単語のリストなどを学習し，一晩寝た後にどれくらい覚えているかをテストする．このときノンレム睡眠の量が少なかったり妨害されたりすると記憶成績が悪くなることが示されている．また課題の前日のノンレム睡眠の量が少ないときにも記憶に悪影響がある．すなわち，記憶が効率よく固定化するためには，前日と当日のノンレム睡眠の量が重要だということである．

ノンレム睡眠時に脳波を測定すると 0.5〜4 Hz の徐波（slow wave）が観測され，さらに 11〜15 Hz のスピンドル（紡錘波）と呼ばれる一時的（2 秒以下）な高周波波形が徐波と同期して間欠的に観測される（**図 7.10**（a））．いずれも記憶の固定化と関わっており，徐波の振幅の強さやスピンドルの数が翌日の記憶成績と関係することがわかっている[59]．

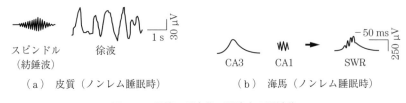

(a) 皮質（ノンレム睡眠時）　　(b) 海馬（ノンレム睡眠時）

図 7.10 記憶の固定化に関連する脳活動

ラットなどの海馬の活動記録により，大脳皮質と海馬の関連性についても徐々に明らかになってきた．ラットの海馬ではノンレム睡眠時に SWR（sharp wave ripple）と呼ばれる特徴的な波形が見られる（図 (b)）．SWR は CA3 に由来する急峻な波（<200 ms）と，CA1 に由来する 100〜250 Hz のリップルと呼ばれる高周波の波が合わさったものである．SWR は先述の皮質徐波と同期して起こり，海馬と皮質の何らかの情報のやりとりを反映していると考えられている[59]．最近の研究では，SWR の起こっているときに，海馬の場所細胞では，昼間起きていたときに経験したのと同じパターンの活動が高速（約 20 倍）

でリプレイされることが明らかにされている（**図 7.11**）。海馬に蓄えられた一時的な記憶が，ノンレム睡眠中に再生されて皮質へと移行していることを示唆する活動パターンであると考えられる。

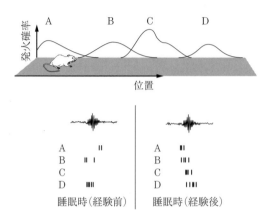

図 7.11 海馬の場所細胞における睡眠中のリプレイ活動[60]

7.4.4 長期記憶の書き換え

長期記憶は一度記憶されたらそのまま一生残るというのがこれまでの主流な考え方であった。しかしながら，長期記憶はしばしば後から書き換えられることが多くの研究から明らかになっている。

有名なのはロフタスらによる「ショッピングセンターでの迷子実験」である[61]。これは被験者の幼い頃の記憶を聞く課題であり，その中に「あなたは幼い頃にショッピングセンターで迷子になって大騒ぎになりましたね」という偽りの項目を入れておく。被験者はそのような記憶はないのでもちろん「いいえ」と答える。興味深いのはこの後で，被験者に何日か時間を空けて何度か研究室に来てもらい，同じ質問をする。すると，最初は否定していた被験者のうち，じつに4分の1は，その記憶をしだいに「思い出し」，「はい」と答えるようになるのである。

その後，アメリカを中心に裁判での証言の信憑性をめぐる研究が数多くなされ，われわれの記憶はさまざまな暗示や質問，また後から得られた情報や経験

によって書き換えられることが明らかになっている。記憶は想起されない間は安定して存在しているかもしれないが、一度想起された記憶が「再固定化」する際に、そのときにされた質問やそのようなことが実際にあったかという想像だけで、新しく「古い記憶」を形成、編集してしまう可能性を示している[62]。

7.5 潜在記憶

7.5.1 プライミング

最後に潜在記憶の性質についても見ておこう。潜在記憶は顕在記憶とは異なる性質をいくつか有しており、その神経基盤も異なっている。

プライミングとは、事前に与えられた情報によって、当該情報の処理が促進されることを指し、心理学、認知神経科学の分野で広く研究が行われている。プライミングは被験者が事前情報に意識的に気づいていなくても（閾下でも）起こるので、潜在記憶の一種だと考えられる。H.M. など記憶健忘の患者でもプライミングは起こるので、顕在記憶と潜在記憶が異なる神経基盤によって担われていることが示唆されている。

〔1〕 **意味的プライミング**　プライミングには2種類ある。意味的プライミング（semantic priming）では、課題に関係した意味的知識を直前に与えられることで、それに続いて示される情報の意味処理が促進される。例えば被験者にターゲットとして提示された文字列が単語か非単語かを判定させる課題を行う。このとき、ターゲット刺激の直前にプライム刺激と呼ばれる単語を見せる。プライム刺激が意味的にターゲット刺激の単語と関連している場合には、被験者の反応時間は短くなることが知られている（**図 7.12**）。意味的プライミングが起こったときには、意味記憶の想起に関連する左前頭前野の活動が普段より少なくなる。これは、それほどの労力を要さずに記憶を想起できていることを反映していると考えられる。

〔2〕 **知覚的プライミング**　もう一つは知覚的プライミング（perceptual priming）または反復プライミングである。これは、ノイズなどで判別しにく

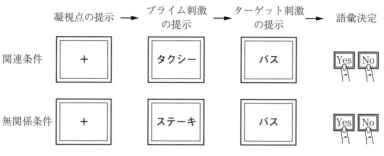

図 7.12 意味的プライミング

い刺激（ターゲット刺激）を提示する直前に，意識できないほどの短い時間（閾下）でノイズなしの刺激（プライム刺激）を与えると，ターゲット刺激の識別率が向上するというものである．右後頭葉を損傷すると視覚プライミングが起こらなくなるという知見がある．健常者においても，知覚的プライミングが起こるときには高次の視覚領野の活動が低下するという報告があり，知覚がより容易に行われることを反映している．

7.5.2 条件づけと強化学習

条件づけとは，ある条件刺激（conditioned stimulus）の提示によって元々は引き起こされなかった行動を引き起こすように学習させることであり，意識的な学習プロセスを必ずしも必要としない．したがって条件づけも潜在記憶の一種だといえる．

〔1〕 **古典的条件づけ**　条件づけには，古典的条件づけとオペラント条件づけの二つがある．古典的条件づけは，餌や痛みなど快・不快を与える刺激（無条件刺激, unconditioned stimulus）の直前に条件刺激を与えることを繰り返すと，条件刺激によって無条件刺激に対する反応を引き起こせるようになる．例えば，イヌに対して餌を与えるときにいつもベルを鳴らすということを繰り返すと，イヌはベルの音を聞いただけでよだれを垂らすようになる（図 7.13,「パブロフの犬」として有名な実験である）．古典的条件づけは，個体にとって直接的な価値のある刺激（無条件刺激）と中性的な刺激（条件刺激）の対応関係

116   7. 記憶と学習

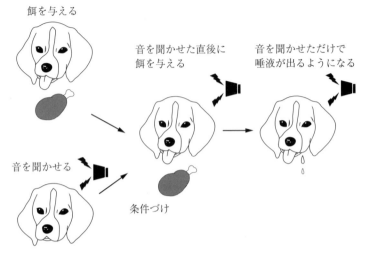

図7.13 パブロフの犬

の学習（連合学習）であるといえる。

〔2〕 **オペラント条件づけ**　オペラント条件づけは個体の行動とその結果として得られる報酬の連合学習であり，個体がつぎにその行動を選択する確率を変化させる。スキナーをはじめとするアメリカの行動主義心理学者によって20世紀前半に体系的な研究が行われた。例えば検査用の檻に動物を入れ，その中にあるレバーを押すと餌が出てくるようにしておく。動物は最初は偶然にレバーを押して餌を得るのだが，すぐに偶然よりも高い確率でレバーを押すようになる。一般に快刺激を引き起こす行動の生起確率は上昇し，不快刺激を引き起こす行動の生起確率は低くなる。

このような報酬を伴う試行錯誤型の学習は**強化学習**とも呼ばれ，計算論的認知科学や人工知能の分野でも盛んに研究が行われている。強化学習のモデルは，$V(t)$ をある時刻 t における行動の価値，$R(t)$ をその行動の結果得られた報酬とすると，以下のような漸化式で与えられる。

$$V(t+1) = V(t) + \alpha \{R(t) - V(t)\}$$

α は学習率と呼ばれるパラメータで 0〜1 の間の値をとる。個体は行動価値

$V(t)$ の高い行動を選ぶ確率が高いとすると,このモデルでオペラント条件づけを精度よく説明できることがわかっている.

さらに 1997 年に発表されたシュルツらの研究により,実際にこのような計算が線条体や内側前頭前野にあるドーパミンニューロンで行われていることが示されている(**図 7.14**).このニューロンは,条件づけ前(学習前)には,報酬が得られたときに強い活動を示す(図 (a)).しかし条件づけ後には,報酬の前に提示される条件刺激に対して強い反応を示すようになり,報酬そのものにはむしろ反応しなくなる(図 (b)).ただし条件刺激が提示されずに報酬が与えられると,報酬に対して反応をする.興味深いことに,条件刺激が提示された後で報酬が得られなかったときには逆に活動の低下が見られる(図 (c)).この反応の仕方は上式の $\{R(t) - V(t)\}$ に相当しており,このニューロンは報酬予測誤差をコードしていると考えられている.線条体や内側前頭前野を含め,報酬系(6 章参照)の脳領野は強化学習と深く関与しており,計算モデルとその神経基盤の整合性がきわめてよくとれている好例となっている.

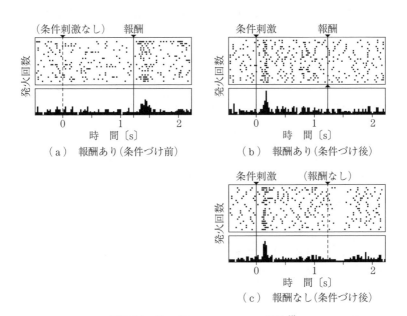

図 7.14 ドーパミンニューロンの活動[63]

7.5.3 運動技能

　運動技能は言語的に表すことが難しい。また，しばしば自分がそのような技能を身につけていることに無自覚であったりする。運動技能の学習は，その動作の反復を通して行われる。練習するとその技能はより正確かつ迅速になり，かなりの長期間ロバストに保持される。学習初期にはかなりの意識的注意と認知的制御が必要だが，学習が進むにつれてあまり注意を向けなくてもスムーズな動作が行える段階へと進んでいく。しばらくの期間，運動を行わないとパフォーマンスが悪化するが，練習をすればまた元に戻る。エビングハウスの無意味綴り記憶実験と同じように，このときの再学習の速さが記憶による「蓄え」だと考えられる。

〔1〕**小脳と条件づけ**　運動記憶の固定化は，海馬を中心とした顕在記憶の固定化とは異なる脳メカニズムで実現されている。例えば瞬目反射条件づけは，ある音を聞かせた後（100〜1 500 ms 後）に空気を眼に吹きつけることを繰り返すと，音を聞いた後，ちょうど空気が吹きつけられるタイミングに合わせて瞬きが起こるようになる現象である。瞬目反射は音の後に空気を吹きつけない試行（消去試行）を何度か繰り返すと消失するが，再び空気の吹きつけを行うとすぐに反射が再形成されることから，記憶の蓄えが残っていることがわかる。小脳を損傷した個体はこの条件づけが形成されないことから，小脳がこの条件づけの獲得に関与していることが示されている[64]。興味深いことに，条件づけが獲得された後に小脳を損傷しても，その記憶はなくならない。これは海馬と同様に，小脳は新しい条件づけを固定化するのには必要だが，形成された条件づけそのものを保持しているわけではないことを示唆している。

〔2〕**運動学習に伴う脳活動の変化**　より複雑な運動の学習には大脳皮質が関係してくる[65]。運動学習の初期では，運動前野や補足運動野，頭頂葉，小脳が強く活動する（図 **7.15** (a)）。これは新しい技能を習得するときに比較的短期間に起こる脳活動であり，早期学習（fast learning）という。一方，何日もスポーツや楽器演奏の練習をするなど，長期に渡る運動学習では，一次運動野や一次感覚野，補足運動野，背側線条体などの活動が上昇し，小脳の活動は

7.5 潜在記憶

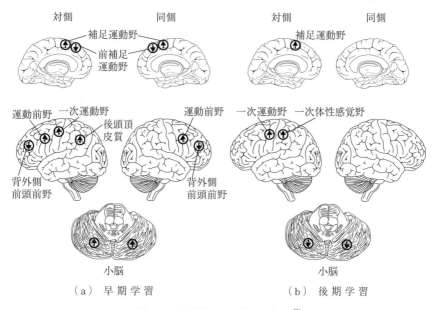

図7.15 運動学習に関連する領野 [65]

低下する（図(b)）。これは後期学習（slow learning）という。これらの活動は，運動学習の初期には高次の運動感覚領野が運動プログラムの形成や精緻化に絡んでくるのに対し，後期ではそれらが比較的低次の運動領野へ移行して，それほど脳に負荷をかけずに実行できるようになる過程を反映している。

この運動記憶の固定化の過程において一次運動野は重要な役割を果たしており，運動学習の直後に磁気刺激などで一次運動野の活動を阻害すると，運動記憶の形成が妨げられることが報告されている。興味深いことに，このような妨害刺激を6時間後に与えてもそれほど影響はない[66]。このことは，運動記憶の早期固定化は比較的速く（数時間以内）に行われることを示唆している。運動記憶の固定化は，リハビリ医療分野などと関連して多くの研究が進められており，今後の進展が期待されている。

8章 エグゼクティブ機能

本章ではおもに前頭前野の機能について取り扱う。前頭前野は「ヒトをヒトたらしめている」機能,すなわちほかの動物にはない高度な認知的制御機能を司っている。英語では executive function と呼ばれるが,executive とは会社や組織の幹部,重役(エグゼクティブ)のことであり,組織の方針を策定する重要な役割を担う人のことを指す。脳における前頭前野も同じであり,脳内のある領野の活動を高めたり弱めたりして領野間の活動のバランスをとるなど,脳全体をある一つの方向へと向かわせる指揮官のような機能を持つ。本章ではこのような前頭前野の「エグゼクティブ機能」について,認知的制御,モニタリング,意思決定の三つの機能を中心に概説する。

8.1 前頭前野とエグゼクティブ機能

前頭葉はヒトにおいて大きく発達しており,大脳皮質の3分の1程度を占めている。その大きさはほかの動物に比べても顕著であり,イヌやサルとはもちろんのこと,同じ霊長類のチンパンジーと比べてもその差は歴然としている(図8.1)。この前頭葉の拡大は,灰白質よりもむしろ白質(神経線維)によるところが大きい。また発達的にも前頭葉の成熟は遅く,ヒトでは青年期(20代半ば)まで成長が続く。

〔1〕 **前頭前野のネットワーク構造**　前頭葉の後部には一次運動野(BA4野)と運動前野(BA6野とBA8野)がある。これよりも前の部分が前頭前野と呼ばれる。前頭前野は脳のほぼ全域と神経結合をもっており,そのほとんどが双方向の結合である。側頭葉や頭頂葉のほぼすべての領域と密接な結合があり,後頭葉とも間接的な結合がある。さらに運動前野やほかの運動領域とも結

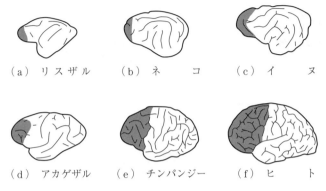

(a) リスザル　(b) ネコ　(c) イヌ
(d) アカゲザル　(e) チンパンジー　(f) ヒト

図 8.1 前頭葉の大きさ

合があり，大脳基底核や小脳，そのほかの核とも視床を介した結合が存在する。左右の半球間の結合もあり，逆半球の同じ前頭前野の領域だけでなく，運動前野や皮質下の領域にも投射している。これらの脳の広域に渡るネットワーク構造は，前頭前野が脳全体を制御する**エグゼクティブ機能**（executive function）を担うのに適した位置にあることを示している。

〔2〕**前頭前野の機能的区分**　前頭前野（prefrontal cortex：PFC）は大きく三つの領域に大別できる（**図 8.2**）。一つ目は背外側前頭前野（dorsolateral PFC）であり，BA9〜BA11 野の背外側面と BA44〜BA47 野を含む。これらの領域は認知的制御のさまざまな側面を担う。二つ目は内側前頭前野（medial PFC）であり，BA9〜BA11 野の内側面と BA24 野，BA32 野などを含む。BA24 野，BA32 野は帯状回であり，厳密には前頭前野ではないが，機能的には類似した側面があることから同列で取り扱われることが多い。内側前頭前野は個体の活動がうまくいっているか，あるいは自己の内面などをモニタリングする機能と関連している。三つ目は前頭眼窩野（orbitofrontal cortex：OFC）であり，BA11 野と BA47 野の底面部を含む。前頭眼窩野は情動や報酬，社会性の処理と関連している。

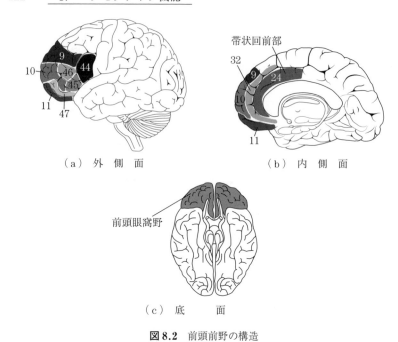

図 8.2 前頭前野の構造

8.2 認知的制御

　われわれの行動は単に外界に反応するために引き起こされるだけではない。われわれは自分なりの目標を持ち，それを達成するために行動を選択している。例えばほしいものを買うためにアルバイトをするとか，将来なりたい職業に就くために，いま一生懸命勉強をするといったように，大きな目標を達成するためにいますべき行動を考えたり，やりたいことを我慢したり，ほかの行動との調整をとったりする。しかしながら，前頭前野の背外側面を損傷した患者は，IQ は健常者と同程度であったとしても，そのようなことができなくなる。

　エグゼクティブ機能は，大局的な観点から行動を調整するためのさまざまな構成要素から成り立っている。以下ではその詳細を見ていくが，これらはきれいに機能的に分化しているわけではなく，たがいに必要とし合う関係にある。

8.2.1 プランニング

ある科目でよい成績をとるために，多くの学生はつぎのようなプランを立てるであろう。まず講義のノートが全回分揃っていることを確認する。そしてそれらの重要事項をピックアップする。試験の1週間前には勉強のための時間をスケジュールしておく。さらに眠くならないようにコーヒーを用意しておくのもよい手である。これらは「テストでよい点をとる」という目標のための下位目標である。

このように，ある目標を達成するための行動計画を立てることを**プランニング**という。プランニングをするためには，まず目標が何かを定め，そのための下位目標を決定する必要がある。ここで下位目標を決定するためには，その帰結が何かを予測できなければならない。そして最後に，目標をクリアするためにどのような行動をとるべきかを決めなければならない。このように考えると，プランニングがいかに複雑困難な作業であるかがよくわかる。目標を達成するのに重要な情報を選別し，それ以外の不要な情報をフィルタリング（排除）しなければならない。いくつかのありうる下位目標について，どれを選択するのが適切なのかを決めなければならない。その際，下位目標を達成するための最適な行動を吟味，選択することも必要になるだろう。

大きな目標を達成するためには，「木を見て森を見ず」にならないように全体像を見る必要がある。現在の目標を維持しながら，必要な情報に集中して不要な情報は排除しなければならない。さらに下位目標から別の下位目標への切り替えを適切なタイミングでしなければならない。前頭葉損傷患者ではこのようなプランニング能力が失われてしまう。例えば15分以内に三つの課題を行うように指示をすると，健常者は何とかやりくりをして三つこなすのに対して，前頭葉損傷患者は一つの課題にはまり込んでしまって，残りの二つの課題には手つかずのままになってしまったりする。このように複数の課題を同時並行にこなすことをマルチタスキングといい，高度なプランニング能力が必要である。

プランニング能力をテストする課題としてロンドンタワー課題（tower of London test）がある（**図8.3**）。これは一度にビーズを一つだけ動かすという

124　　8. エグゼクティブ機能

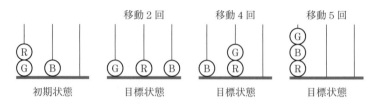

図 8.3　ロンドンタワー課題

制約のもとで初期状態から目標状態までの遷移方法を考える課題である。前頭葉損傷患者は，健常者よりもかなり多くの手数が必要となってしまう。また健常者が課題を行っているときの脳活動を計測すると，背外側前頭前野の活動が，問題の最短遷移数が増えるにつれて（問題が難しくなるにつれて）増加することが報告されている[67]。これはプランニングの負荷によって活動が変化したものだと考えられ，背外側前頭前野がプランニングに関わっていることを示唆している。

8.2.2　ワーキングメモリにおける想起と選択

　課題に関連した情報を選別することは，目標指向的行動において重要である。これはワーキングメモリとも関連するが，重点はその記憶機能よりも注意資源の配分機能のほうにある。7章でも述べたように，ワーキングメモリは背外側前頭前野，特にBA46野が重要な役割を果たしている。

　例えばあなたが最近京都へ旅行したときの話を友達としていたとしよう。あなたがいくつかの観光スポットへ訪れたエピソードを話しているときに，友達から金閣寺の屋根は何色なのかという質問があったとする。するとあなたはワーキングメモリにある金閣寺のイメージの上で屋根へと注意を移動し，その色について精査することができるだろう（**図 8.4**）。このようにわれわれはワーキングメモリにある内容の中から，いまの課題に重要な情報を選択することができる。つまりワーキングメモリはこのような **動的フィルタリング機能** を持っており，単に受動的に記憶を保持するだけでなく，自分の持っている目標によって情報の重要性のコントラストを能動的に調整する働きがあることがわかる。

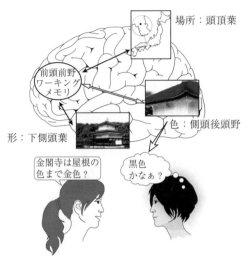

図 8.4 動的フィルタリング

7.3 節でも取り上げたように，ワーキングメモリは音韻ループと視空間スケッチパッドからなる。音韻ループは左半球優位かつ前頭前野腹側部と頭頂葉が重要であるのに対し，視空間スケッチパッドは両側の背外側前頭前野が関わっていることが脳活動計測実験から示唆されている。注意を向ける情報が音韻情報か視空間情報かで前頭前野の活動が変わることは，ワーキングメモリのフィルタリング機構の一端を反映しているかもしれない。ただし必ずしもこのような情報の種類による活動の違いが見られない例も報告されており，ほかにもさまざまな仮説が提案されている。

8.2.3 タスクスイッチング

先述のマルチタスキングとも関連するが，認知活動をあるタスクから別のタスクへと切り替えることを**タスクスイッチング**という。前頭葉を損傷すると，このタスクスイッチングができずにいつまでも同じタスクを続けてしまう**固執**（perseveration）と呼ばれる症状が出ることがある。

〔1〕 **ウィスコンシンカード分類課題**　これを調べるためによく使われるのはウィスコンシンカード分類課題（Wisconsin card sorting test：WCST）である。ウィスコンシンカード分類課題では形，色，個数の三つの特徴が異なるカードを用いる（図 8.5）。実験者はカードを1枚ずつ被験者に見せ，被験者は実験者が決めたルール（ただし被験者は知らされていない）に沿って，カードを適切な山へ分けて置いていく。例えば実験者が形をルールとしていると推測すれば，色や個数は無視して，星形は星形の山へ，三角形は三角形の山へというように分ける。実験者は被験者の選択に対して，合っているか間違っているかをフィードバックする。被験者は最初は何度か間違うこともあるが，しだいに正しいルールを推測できるようになる。この課題のポイントはむしろこの後にある。実験者は，被験者がある程度正解できるようになったところで，被験者には知らせずにルールを変更する。すると被験者の選択は突然当たらなくなるので，被験者は再度ルールを推測し直さなければならない。健常者であれば，このようなルールの変更にも数回の試行で容易に対応が可能である。しかしながら前頭葉損傷患者は，以前のルールにこだわり続け，いつまでたっても新しいルールを獲得することができない。前頭葉損傷患者も当初のルールを推測して当てることは可能であるので，ルールの推測自体が困難な訳ではなく，むしろ一度獲得したルールを放棄して新たなルールを探索するための柔軟性を失っていると考えられる。

図 8.5　ウィスコンシンカード分類課題

〔2〕 **スイッチングコスト**　別の課題として文字–数字ペアを用いた課題がある（図 8.6）。ここでは，背景の色または背景上部に書かれた文字を手がかりとして画面中央部に提示された文字と数字のどちらかを答えさせる。このとき2試行ごとに手がかりの種類を変更する。手がかりが変更された1試行目（例えば色から文字へ変更）はタスクスイッチングが必要となるが，2試行目はス

8.2 認知的制御

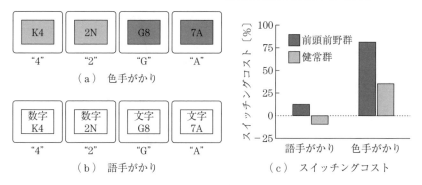

図 8.6 文字–数字ペア課題

イッチングは起こらない。したがって1試行目にかかった反応時間から2試行目の反応時間を引いたものがスイッチングにかかった時間（**スイッチングコスト**）だということになる。一般に手がかりが色から文字に変わるときにはスイッチングコストはほとんどかからないが，文字から色に変わるときには有意にコストがかかることが示されている。これは色とその意味に関する記憶にアクセスしなければならないためのコストだと考えられる。前頭葉損傷患者ではこのスイッチングコストがさらに増大することも知られている。

8.2.4 抑　　　　制

〔1〕 **脳波誘発電位の抑制**　　複雑なタスクを遂行するためには，重要な情報を重点的に処理する一方で，不必要な情報の処理を抑制しなければならない。このような抑制能力は，前頭葉損傷患者においてしばしば損なわれている。例えば，被験者に一方の耳から聞こえてくる情報に注意を向けつつ，他方の耳から聞こえてくる情報は無視するように教示する。このときの聴覚誘発性の脳波（事象関連電位）を計測すると，健常者では無視するほうの耳から聞こえる音への脳波反応は，注意を向ける耳からの音への反応に比べて，有意に小さくなる。しかしながら前頭前野の損傷患者では，この反応抑制が見られなくなってしまう[68]（**図 8.7**）。これは前頭前野が感覚野（この場合は聴覚野）の活動を，タスク要求に合わせてトップダウンに変化（抑制）させていることを示してい

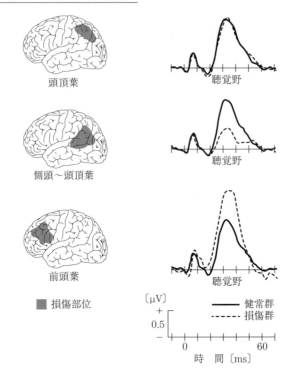

図 8.7　脳波反応抑制の消失（前頭葉損傷患者）

る。反対に，注意を向けている感覚に対する反応は大きくなることがしばしば観察されているが，この場合の前頭前野の働きは抑制の場合ほどには顕著ではなく，むしろ頭頂葉の関わりが指摘されている。

〔2〕　**行動の抑制**　　もう一つの抑制は行動の抑制である。例えば野球でバッターがピッチャーの投げた球を打とうとしたが，途中でそれがボール（打つのに適さない球）だと気づき，バットを振るのを途中で止めたとする。これは前頭前野の持つ抑制機能の一例である。このように，われわれは計画して遂行しかけた行動を中止することができる。脳損傷患者やfMRIの研究から，このような行動の抑制能力には右半球の前頭前野腹側部が重要であることが示されている。

行動抑制を調べる課題として GO/NO–GO 課題や Stroop 課題がある。GO/

NO–GO 課題は，画面にある刺激（例えば X という文字：GO 試行）が出たときにはボタンをなるべく速く押すようにし，別の刺激（例えば Y という文字：NO–GO 試行）が出たときにはボタンを押さないようにする課題である。このバリエーションとして，どの試行もまず GO 刺激が出るが，その直後に NO–GO 刺激が提示されたときには行動を止める，というようにすると難易度が上がる。前頭前野を損傷すると NO–GO 試行でのエラーが増える。また健常者の脳活動を計測すると，NO–GO 試行では右前頭前野腹側部の活動が見られるが，GO 試行ではそのような活動は見られない。

　Stroop 課題は，例えば「あか」や「みどり」といった文字が赤色や緑色で書かれて提示される。被験者は提示された「文字の色」を口に出していう（もしくは赤色なら右ボタン，緑色なら左ボタンを押す）ように教示される。このとき文字と色が合っている条件（例えば赤色で「あか」：整合条件）と合っていない条件（緑色で「あか」：非整合条件）とがある。非整合条件ではエラーが増えたり反応時間が遅くなったりする。これは，われわれは色の判断よりも文字を読む処理を優先するように習慣づけられているために，文字を読むという処理を抑制して色の判断をするためのコストがかかるためであると考えられる。このような習慣づけられた優勢な行動を抑制するのにも前頭前野が重要な役割を果たしている。

8.3 モニタリング機能

　前頭前野の内側部，特に帯状回前部は，行動のモニタリングに重要である。ブロードマン領野では，BA24 野と BA32 野（帯状回前部）に加えて，しばしば BA6 野の内側部（補足運動野）や BA8 野の内側部（前補足運動野）が含まれることもある。これらをまとめてここでは内側前頭前野と呼ぶ。内側前頭前野は，課題の種類を問わず難易度が上がるとしばしば活動を示すことから，行動結果のモニタリング機能と関連していると考えられている。

8.3.1 エラーの検出

例えばフランカー課題（flanker task）と呼ばれる課題では，五つの文字が横一列に提示され，その中央の文字が何かを答えさせる（**図8.8**）。通常，2種類の文字を用い，中央以外の四つの文字は試行内では同じ文字を用いる。中央の文字が周辺の文字と同じ一致条件と，異なる不一致条件がある。不一致条件では，被験者は有意にエラーを起こしやすく，反応時間も遅くなる。このときの脳波を測ると，エラー反応の100〜200 ms後に陰性の脳波変動が見られる[69]。

図8.8 フランカー課題

これをエラー関連陰性電位（error-related negativity：ERN）と呼び，その発生源は帯状回前部であるとされている。興味深いことに，ERNは被験者が間違いを犯したことに気づかない場合には発生しない[70]。これは帯状回前部が自らの行動を**モニタリング**しており，エラーの検出とその意識化に関わっていることを示唆している。

8.3.2 対立した反応の選択

内側前頭前野は，エラーを検出したときだけでなく，複数の行動の中から一つを選ぶのが困難な場合，すなわち**反応コンフリクト**（response conflict）が起こるときにも活動する。例えば前述のStroop課題のように，間違いは犯さないまでも正しい行動を選択するには負担がかかるようなケースである。このような場合には，優勢な行動（文字を読む）を抑制して非優勢な行動（色を答える）を選択するなど，外側前頭前野の認知的制御が必要となる。実際に，反応コンフリクトが起こって内側前頭前野の活動が見られると，つぎの試行での外側前頭前野の活動が亢進するという報告もある[71]。このように内側前頭前野のモニタリング機能と外側前頭前野の認知的制御機能は連携していると考えられる。

8.3.3 心的状態のモニタリング

内側前頭前野のモニタリング機能は，簡単な認知課題や運動遂行の場合だけでなく，「自分はどんな人間なのか」というような高次の認知的モニタリングにも関係している。特に自分に関する事項について自ら熟考することを**内省**（introspection）といい，内側前頭前野が活動することがしばしば報告されている。興味深いことに，他者について熟考する場合にもやはり内側前頭前野が活動する。他者の心的状態について考えることは「心の理論」やメンタライジング（9章参照）と呼ぶが，他者の心的状態を考えるときと自分の内面について考えるときには，脳の同じ機能を用いていることが示唆されている。

8.4 意思決定

8.4.1 プロスペクト理論

意思決定（decision making）とは，二つ以上の選択肢の中から一つの選択肢を選ぶことをいう。例えば昼食に何を食べるかといった日常的な些細なことから，将来どのような職業に就きたいかといった大局的なものまで，われわれはつねにさまざまな意思決定を行っている。意思決定においては，それぞれの選択肢の「価値」を見積もり，その価値が相対的に高い選択肢を選ぶ（確率を高くする）ということを行っていると考えられている（7.5.2項も参照）。

〔1〕**意思決定問題**　以下の問題を考えてみてほしい。つぎの二つの選択肢が与えられたとして，あなたはどちらを選ぶだろうか。

選択肢1：必ず8千円もらえる。
選択肢2：80％の確率で1万円もらえるが，20％の確率で何ももらえない。

この場合，多くの人は選択肢1を選ぶ。ただし，この二つの選択肢の期待値はどちらも8千円であり，確率の問題として考えればどちらも違いはないことになる。にも関わらずこのような選好の違いが見られるのはなぜだろうか。人間はこのような場合には確実なほうを選ぶのだというのは一つの仮説であろう。しかし，つぎに以下の選択を考えてみてほしい。

選択肢1′：必ず8千円支払わなければならない。

選択肢2′：80％の確率で1万円支払わなければならないが，20％の確率で何も支払わなくてよい。

今度は多くの人が選択肢2′を選ぶようになる。前述の「人間は確実なほうを選ぶ」という説明はこの場合には成り立たないことがわかる。上の二つの問題はどちらも構造は同じであり，二つの選択肢の期待値は等しい。にも関わらず選好の仕方に違いが出てくるのはなぜだろうか。

〔2〕 **選択における主観的価値**　ノーベル経済学賞を受賞したカーネマンとトヴェルスキー（残念ながらトヴェルスキーは授賞前に死去したために対象外となってしまった）は，人間の意思決定のモデルとして**プロスペクト理論**を提唱した[72]。彼らは選択の主観的価値（**効用**）を**図8.9**のようにモデル化し，価値は実際の利得や損失の大きさとは比例せずに逓減すること，利得と損失では関数の形が異なることを提唱している。さらにもう一つの重要な特徴は，原点（参照点）が人によって異なるとしたことである。例えばテストで80点をとったとして，60点を目指していた人にとってはうれしい結果であるのに対して，100点を目指していた人にとっては残念な結果だということである。プ

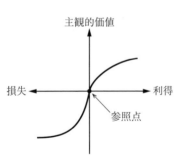

図8.9 プロスペクト理論

ロスペクト理論によって人間は利得に対しては危険回避的である（早めに利得を確定させたい）のに対して，損失については危険愛好的（ギャンブルで負けが込んでくるとさらに大きな賭けに出て大負けしてしまう）であることがうまく説明できる。人間は少しの損失を嫌う一方で，損失が大きくなるとそれがさらに大きくなることには無頓着だということが関数の形から読みとれる。

8.4.2　ニューロエコノミクス

プロスペクト理論により，古典的な経済学では説明できなかったさまざまな

人間の選択行動が説明できるようになり，行動経済学と呼ばれる分野が大きく発展することとなった．現在では，脳機能イメージング技術と合流して消費者の選好に関する脳活動の計測が盛んに行われつつあり，このような研究を総称してニューロエコノミクス（神経経済学）と呼んでいる．

例えば，コーラとペプシのどちらを好むかを調べた研究がある[73]．被験者はfMRI 装置の中でコーラまたはペプシを口の中に少量注入され，どちらが好きかを答える．その結果，コーラ愛好者とペプシ愛好者で，コーラを選ぶ回数はほぼ同じ（15 回中，約 7.5 回）であり，自称するほどには選好に違いはなかった．一方脳活動を見ると，コーラを飲んだときに腹内側前頭前野の活動量の大きかった被験者ほどコーラを選択する回数が多かった．このことは腹内側前頭前野の活動から被験者の選好を予測できる可能性があることを示している．さらにどちらを飲むかを教示として与えると，海馬近辺の領野が活動することが示され，記憶との関連も示唆されている．

このほかに，商品の選好や価格情報の提示が脳活動にどのような影響を及ぼすかなど，ニューロエコノミクス研究は盛んに行われているが，多くの研究で腹内側前頭前野，前頭眼窩野など報酬系（6 章参照）と呼ばれる脳領野の活動が報告されている．またコストと利益の計算や公平さの判断などの高次の意思決定プロセスには，背外側前頭前野などの領野が関わっていることも示されている[74]．このような脳の活動を計測することによって，従来のマーケティング手法では得ることのできなかった消費者の選好に関する新たな情報が得られたり，効果的な広告手法の開発につながるなどの応用が期待されている．

8.4.3 ソマティックマーカー仮説

最後に，情動が高次の意思決定に重要な役割を果たしていることにも触れておきたい．神経科学者のダマシオは，被験者にギャンブリング課題を行わせているときの皮膚電気反応（自律神経系反応の一つ）を調べた（図 8.10）．この課題では，被験者は二つのカードの山の一方からカードを 1 枚ずつ引いていく．このときカードには得点または失点が書いてあり，最終的に得た得点の合計が

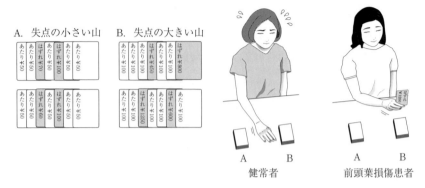

図8.10 ギャンブリング課題

被験者への報酬として与えられる。二つのカードの山の一方は大きな失点が含まれて危険であり，もう一方の山は比較的安全（大きな失点はない）である。被験者は回数を重ねるにつれ，徐々に危険な山からはカードを引かなくなる。このとき皮膚電気反応を計測すると，危険な山からカードを引くときのほうが，安全な山から引くときよりも大きくなる。興味深いことに，被験者にいつ頃危険な山に気づいたかを聞いてみたところ，被験者が気づいたと答えた時期よりも前から皮膚電気反応はすでに大きくなっていることがわかった。つまり，意識的に環境を認識，判断するよりも前に，情動的（身体的）にはどちらの山が危険かを「知っていた」ことになる。一方，内側前頭前野，前頭眼窩野を損傷した患者では，このような皮膚電気反応が出なくなり，いつまでたっても危険な山からカードを引いてしまった。ダマシオはこの結果から，高次の意思決定は身体的反応（情動）によって支えられているという「ソマティックマーカー仮説」を提唱している[75]。

9章 社会性認知

 ヒトは高度な社会性を持つ動物であり，多くの他個体とさまざまな社会的関係を形成し，時々刻々と変化する複雑な社会を成り立たせている。一説には高等動物の脳は社会性能力を発達させるように進化してきたともいわれており，社会性認知はヒトの脳の主要な機能の一つであると考えることができる。本章では，社会性認知に関わる脳の機能とメカニズムについて取り上げ，他者とインタラクションできる脳（自己）とは何かについて考える。

9.1 社会性認知とは

 社会性認知とは，個体間の相互作用ないしコミュニケーションを成り立たせるうえで必要となる種々の認知能力を表す用語である。その機能は，顔や表情の認知，模倣，共感，他者意図の理解・推論，言語，コミュニケーション，自己認識などを広く含む。社会性認知は近年の認知脳科学の分野において大きな注目を集めているが，それには以下に述べるいくつかの契機が挙げられる。

〔1〕**ミラーニューロンの発見**　社会性認知に関する認知脳科学研究にとって大きな契機となったのは，1990年代のイタリアの神経科学者であるリゾラッティらの研究グループによる**ミラーニューロン**（mirror neuron）の発見である[76),77)]。ミラーニューロンが最初に発見されたのはサルの運動前野（F5野）においてである（5章参照）。このニューロンはサル自身が運動するときだけでなく，他者がそれと同じ動きをしているのを見ているだけでも活動するという性質を示す。その後，ヒトの腹側運動前野（ブローカ野）や背側運動前野，頭頂葉，一次運動野などでも同様の性質が見られることが明らかになり，

これらの脳領野を総称してミラーニューロンシステム，または単にミラーシステムと呼ぶようになった。ミラーシステムの機能に関してはさまざまな議論がなされているが，他者の運動を観察する際に自己の運動野を用いて内的にシミュレーションを行うことによって，他者の意図などをより深いレベルで理解することができるのだという「シミュレーション仮説」が現在では広く受け入れられている。ミラーシステムを巡ってはこれまでにさまざまな研究と議論がなされており，コミュニケーションの基盤を提供する脳メカニズムだという考えが浸透しつつある。

〔2〕 **社会脳仮説と「心の理論」** 二つ目の契機としては，1990年代にブラザーズによって提唱された「社会脳仮説」が挙げられる[78]。これは霊長類の大脳皮質の大きさがその種の平均的な集団サイズと相関関係があること（**図9.1**）から，脳は環境への適応のためというよりはむしろ社会集団の中でうまく生き抜くために発達してきたという仮説である。社会集団内でうまく振る舞うために相手の心的状態を推測する能力は，「心の理論（Theory of Mind）」またはメンタライジング（mentalizing）と呼ばれ，発達心理学や動物心理学，発達障害（特に自閉症）研究において精力的に研究が行われてきた。脳機能イメージング研究によって，その神経基盤についても理解が進んでいる。最近では，8章で述べたニューロエコノミクス研究などとも合流して盛んに研究が進められている。

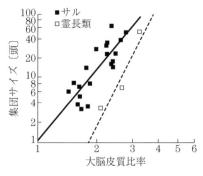

図9.1 皮質の大きさと集団サイズの関係[79]

〔3〕 **自己認識**　三つ目の契機として自己認識研究の発展が挙げられる。特に，自己認識の基礎として自己身体認識の研究がある．発達心理学および動物心理学の分野では，鏡に映っているのが自分であるとわかるかどうか（自己鏡像認識）についてよく調べられてきている．よく用いられる実験手法としてマークテスト（ルージュテスト）がある（**図 9.2**）．これは本人に気づかれないうちに顔に口紅などでマークをつけ，鏡を見せたときに自分の顔のその部分へ手を伸ばすかどうかを調べる．これは簡単な課題のように思えるが，ヒトでは2歳くらいにならないとそのような行動が出てこないこと，またチンパンジーなどの霊長類や一部の動物は自己鏡像認識ができるが，ほかの動物（例えばサル）にはできないことが示されている[80]．最近では，脳機能イメージング研究による自己身体認識に関わる脳領野についての理解も蓄積されてきており，哲学やロボット工学，リハビリテーション医学などとの学際的な議論も多くなされている．

図 9.2　自己鏡像認識

これ以外にも，顔認知や視線認知，情動・感情認知，コミュニケーションなど社会性認知の研究がさまざまな分野を巻き込んで進められている．以降では，こういった研究から得られた知見のいくつかをまとめて紹介する．

9.2　ミラーシステム

9.2.1　シミュレーション仮説

自己が運動するときには，運動野や頭頂葉の運動関連領野が活動する．前述したように，これらの領域のニューロンのいくつかは他者が同じ運動をするのを観察したときにも活動する．このような性質を示すニューロンをミラーニューロンと呼び，サルの運動前野（F5野）ではじめて見つかった（5章参照）．その後，ヒトの運動前野，一次運動野，下頭頂葉でも同じような活動が見られ

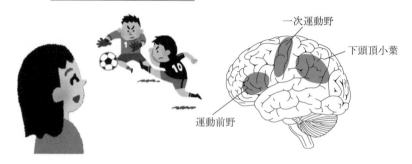

図 9.3　ミラーシステム

ることがわかり，これらの領域を総称してミラーシステムと呼ぶようになった（図 9.3）。

　脳はミラーシステムを備えることによって，どのような認知機能を実現しているのだろうか。一つの有力な仮説は「ミラーシステムは他者の運動を脳内でシミュレートしており，これによって他者の意図や感情など，単なる視覚的処理よりも深いレベルで他者を理解することができるようになる」というものである[77]。これをシミュレーション仮説といい，ミラーシステムが個体間のコミュニケーションを成り立たせる基盤を担っていると考える理論的根拠となっている。

9.2.2　運 動 選 択 性

　ミラーニューロンは運動の種類に選択的に活動し，ある特定の運動に対して反応するニューロンはほかの運動を観察しても活動が見られない（ただしある程度類似している運動に対して広く活動するミラーニューロンも存在する）。ミラーニューロンの持つこの反応選択性は，他者運動を観察したときの視覚的処理というよりも，むしろその「運動表現」が深く関与していることを示している。

　例えば動きが比較的似ているが異なる種類のダンス（バレエとカポエラ）の映像を見ているときの脳活動を計測すると，バレエを専門とするダンサーはカポエラよりもバレエを見ているときのほうが，カポエラを専門とするダンサーはバレエよりもカポエラを見ているときのほうが，ミラーシステムの活動は大き

くなる[81]。つまりミラーシステムは自己の運動レパートリーに含まれる運動を観察しているときのほうが，そうでない運動を観察しているときよりも強く活動する。このような運動選択性はシミュレーション仮説を支持するものである。

9.2.3 目標指向性

ミラーシステムは運動の運動学的性質そのものよりも，動作主の目的や意図に対して選択的に活動することも示されている。例えば，テーブルに置いてある物体に右手を伸ばしてつかむという運動（把持運動）をサルに見せるとミラーニューロンが活動するが，物体抜きで把持運動の真似（パントマイム）だけを見せてもミラーニューロンは活動しない（ただしヒトのミラーシステムは活動することもある）。興味深いことに，サルに物体を見せた後，その前に衝立を置いて，直接物体が見えないようにしてから把持運動を見せると，物体を手でつかむ場面をサルは見ていないにも関わらず，ミラーニューロンはまさに把持が行われるタイミングで活動を示す（図 9.4 (a)）。衝立の裏に何もないことを見せた後に，同様の運動を見せてもミラーニューロンは活動しない（図 (b)）。これらの結果を総合すると，ミラーニューロンは運動の視覚的入力そのものに対してではなく，「物体を手でつかむ」という目標指向的運動の目的や意図に

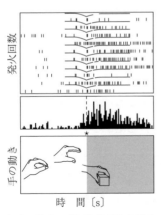
（a）衝立の裏に物体がある場合

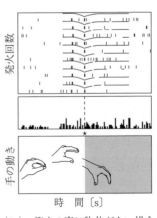
（b）衝立の裏に物体がない場合

図 9.4 ミラーニューロンの目標指向性[82]

対して活動しているのだといえる。

その後の研究においても，運動学的情報が似ていても運動の意図が異なるとミラーシステムの活動も異なることが確かめられている[83],[84]。また運動の視覚的提示だけでなく，聴覚的提示（ピーナッツの殻を手で破っている音）でもミラーニューロンが活動することが示されている[85]。これらの知見は，ミラーシステムは運動の運動学的詳細に対してというよりも，その運動の目的というより抽象的な情報に対して選択的に活動することを示唆している。

9.2.4　模　　　倣

ミラーシステムの持つ機能としてつぎに考えられるのは他者運動の模倣である。模倣を行うためには，他者運動の視覚情報を解析して自己の運動出力へと変換しなければならない。ミラーシステムはまさにこの変換を行っていると考えれば，模倣において重要な役割を果たしていると考えることは妥当である。しかしながら，ミラーニューロンが最初に見つかったサルにはヒトのような模倣能力がないという理由で，この模倣説はシミュレーション説ほど広くは受け入れられてこなかった。

一方で，ヒトにおいてはミラーシステムが模倣に重要な役割を果たしていることは間違いなく，それを支持する結果が繰り返し示されている。例えば他者運動を模倣するときのほうが，ほかの視覚刺激をキューとして同じ運動をするときよりもミラーシステムが強く活動する[86]。また，ギターのコードの押さえ方など，新規の運動を学習するために他者の運動を観察させると，練習したことのある運動よりも，練習したことのない運動を観察したときのほうがミラーシステムの活動が強くなる[87]（**図9.5**）。これらの結果は，他者運動を模倣する意図を持って観察するときにはミラーシステムの活動が強まることを示している。

図9.5　模　　　倣

9.3 共　　　　　感

9.3.1 共感とミラーシステム

他者運動がミラーシステムによってシミュレートされるのならば，他者が感じている感情が観察者の中にも同様に引き起こされることは十分に考えられる。これは他者に共感する能力と密接に関連している。これまでの研究で，運動だけでなく感覚についても自己と他者で同じような脳活動が観測されることが報告されている。例えば，自分の足が触られるときと他者の足が触られるのを見たときで，体性感覚野がともに活動する（図 9.6）。これは「感覚のミラーシステム」だといえる。また，顔表情の写真を見せると，運動野の顔領域だけでなく島皮質にも活動が見られる[89]。これはミラーシステムにおける運動表現の活動が島皮質へと伝搬し，そこで情動処理が行われている可能性を示唆している。ミラーシステムにおける自己と他者の運動感覚表現の共有が，感情領野に伝搬し，共感を引き起こす経路だと考えらえるが，これを支持する研究はま

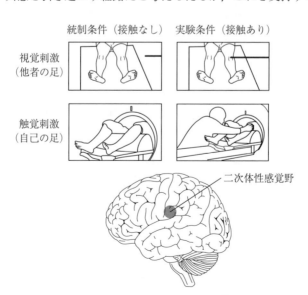

図 9.6　感覚のミラーシステム[88]

だそれほど多くなく，今後のさらなる検証が望まれる．

9.3.2 痛みへの共感

共感の脳メカニズムを調べる方法として，本人が何かを経験するときに活動する脳領野が，他者が同じ経験をしているのを観察したときにも活動するかを調べることが挙げられる．このような共感研究でよく用いられるのは，他者の痛みに対する共感である．これらの研究では，ミラーシステムよりも島皮質前部や帯状回前部の後側の活動がよく報告されている（**図9.7**）．これらの部位は自分が痛みを感じるときに活動するとともに，他者が痛みを被っているのを見たときにも活動する．

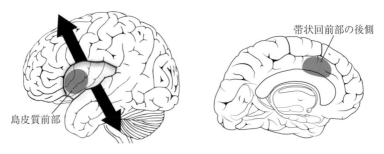

図9.7 痛みへの共感

ジンガーら[90]は男女のカップルに実験に参加してもらい，自分またはパートナーに痛みを伴う電気刺激を与え，このときの脳活動を計測した．その結果，自分とパートナーが痛みを受けているときの両方で活動したのは，島皮質前部，帯状回前部，小脳，脳幹であった．興味深いことに，体性感覚野は自分が痛みを受けているときには活動したが，パートナーの痛みを観察しているときには活動しなかった．このことは，痛みの共感には感覚のミラーシステムの活動が必ずしも伴わないことを示唆している．

島皮質と帯状回前部の共感に関する活動は，痛みのほかに嫌悪や不安，味などについても報告されている．例えば，他者が嫌な表情をしているのを見たときと自分で嫌なにおいを嗅いだときの両方で島皮質前部が活動する[91]．このこ

とは，島皮質と帯状回は自己と他者で共通して活動する情動的表現を有していることを示唆している。

9.3.3 情動的共感と認知的共感

ここまで共感に関連する脳領野について見てきたが，じつは共感には二つのシステムが存在していると考えられている。一つは**情動的共感**（emotional empathy）であり，ここまでに見てきた例はこちらに入る。情動的共感では，他者の情動的なジェスチャーの知覚が，高次の認知的なプロセスを経ずに，直接観察者に同じ情動を活性化させる。これにはミラーシステムや島皮質が深く関わっていると考えられる。

もう一つは**認知的共感**（cognitive empathy）であり，これは観察者が相手に自分自身を意識的に投入（感情移入）することによって引き起こされる共感である。情動的共感は自動的，無意識的に起こるのに対し，認知的共感は他者の視点取得（perspective taking）や「心の理論」などの高次の認知プロセスを意識的に援用する必要がある。実際にはわれわれはこれらの二つの共感システムをバランスよく利用して他者に共感している。次節では認知的共感に必要となる「心の理論」と呼ばれる認知プロセスについて見ていく。

9.4 「心の理論」

9.4.1 誤信念課題

人間は高度に社会化された動物であり，われわれが社会集団の中でどれだけうまく振る舞えるかは，他者の行動をいかに的確に予測できるかに依存している。そのためには他者の意図や信念などの心的状態を明示的に扱う能力が重要であり，これを「心の理論」あるいはメンタライジングという[92]。なお「心の理論」とは，「他者はどのように考え，振る舞うか」についての経験則の集合のことであり，個々人によってさまざまであるし，論理的であるわけでもない。いわゆる体系だった理論を指すわけではないので，カッコつきで「心の理論」

と表記される。

「心の理論」・メンタライジングに関する研究は，他者が現実とは異なる心的表象（誤信念）を持っていることを理解できるかどうかをテストする**誤信念課題**を用いておもに行われてきた。誤信念課題の代表例はサリー＝アン課題である（**図 9.8**）。この課題では，まず①サリーとアンがいる，②サリーが自分の荷物をかごの中にしまう，③サリーはそのまま部屋から出ていく，④アンはサリーのいない間に，かごの中の荷物を箱の中へ入れ替える，⑤アンはいなくなり，サリーが部屋に戻ってくる，という漫画を見せる。この後で，「さてサリーはかごと箱のどちらに自分の荷物が入っていると思っていますか？」という質問を行う（正解はもちろん「かご」である）。

ヒトの幼児や自閉症児，また霊長類を含む動物は誤信念課題に正答するのが難しいことが知られている。ヒトの子どもでは4歳くらいからこの課題をパスするようになり，5歳で約90％の子どもがパスするといわれている。一方，自

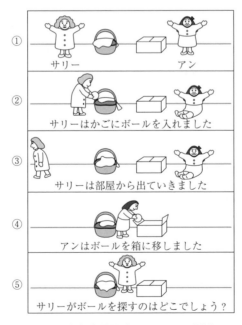

図 9.8 誤信念課題（サリー＝アン課題）

閉症スペクトラム（ASD）患者では誤信念を他者へ帰属させる能力が発達的に大きく遅れていることが示されている。また，チンパンジーを含めた霊長類においても誤信念課題をパスするという信頼できる報告はまだない[93]。

ただし，誤信念課題は非常に高度な概念操作を必要とする課題であり，より簡単な他者の意図や感情の理解というレベルであれば，乳幼児やチンパンジーも持っていることは広く確かめられつつある。「心の理論」・メンタライジングという用語でどのような能力を指すのかについては，まだ十分な検討が必要である。例えばフリスら[94]は，誤信念には「世界から分離された信念の表象」の形成が重要であると述べており，目の前にいる他者がいままさに行っている運動の意図の理解とは，質的に異なることが考えられる。

9.4.2 「心の理論」に関わる脳領野

最近の脳機能イメージング研究は，「心の理論」・メンタライジングに最も重要な領野が内側前頭前野ないし前頭眼窩野であることを示している（**図9.9**）。さらに上側頭溝（superior temporal sulcus：STS），帯状回前部（anterior cingulate cortex：ACC），側頭-頭頂接合部（tempolo-parietal junction：TPJ）などの活動も多く報告されている[95]。

実験課題としては，心的状態を表す単語（欲する，考える，信じるなど）の理解，顔写真からの感情理解，物語の文章・1コマまたは複数コマの漫画・アニメーション・ビデオの提示による登場人物の心的状態の理解，インタラクティ

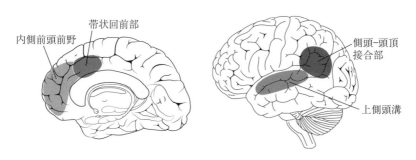

図9.9 「心の理論」に関わる脳領野

ブゲームなどさまざまあるが，これらで首尾一貫して活動するのは内側前頭前野だけである．刺激の種類としては，言語的なものと視覚的なものの二つに大別されるが，視覚的な刺激提示を行った研究の多くで上側頭溝の活動が見られる（上側頭溝の役割については9.5節参照）．誤信念課題を扱った脳機能イメージング研究では内側前頭前野が一貫して活動するが，これに加えて側頭–頭頂接合部も重要であることが示唆されている．内側前頭前野と帯状回前部は誤信念だけでなく正しい信念（現実と一致した他者の心的表象）に対しても活動したが，側頭–頭頂接合部は誤信念に対してのみ活動が見られた．このことから側頭–頭頂接合部は登場人物の心的状態を現実から分離して表現する役割を持っている可能性がある．

9.4.3 ミラーシステムと「心の理論」領野

「心の理論」課題で内側前頭前野が活動しない数少ない例外的な研究として，他者の運動意図を推測させる課題がある[84]．例えばテーブルの上のコップに手を伸ばしている絵を見せ，これは飲み物を飲むためにコップに手を伸ばしているのか，あるいは後片づけをするためにコップに手を伸ばしているのかを周囲の状況から推測させる．このときに活動するのは，運動前野や頭頂葉にあるミラーシステム領野であり，内側前頭前野の活動は見られなかった．このように比較的単純な運動意図の理解には「心の理論」領野は不要であることが示唆されている．一般に「心の理論」に関わる領野はミラーシステムとは重ならない．ミラーシステムは意識的な推論を必要としない直接的・前熟慮的な他者の心的状態の表現に関わり，「心の理論」領野は意識的・熟慮的な他者の心的状態の表現に関わっていると考えることができる．

9.5 他者の認識

ここまで自己と他者の脳内表現がかなりの部分で共有されていることを見てきた．しかしながら，その一方でわれわれは，日常生活では自己と他者を混同

することなく過ごしている。このことは脳内では自己と他者を区別して処理する領野も存在していることを示唆している。ここからは自己と他者の認識に関わる脳領野の機能について見ていく。

9.5.1 顔と身体の認識

〔1〕 **顔の認識**　顔は社会生活を送るうえで重要な情報源である。われわれは日々さまざまな人たちと出会うが，多くの場合，それがだれであるかを顔を見て判断する。もし自分の友達に対して初対面であるかのように接すれば，怪訝な顔をされるだろう。知り合いかどうかの判断だけでなく，顔の表情から相手の心的状態（感情状態）を推測することもしばしばである。初対面の人が信用できそうな人かどうかということも顔を見て判断するかもしれない。このようにさまざまな情報を顔から読み取るとすれば，脳においても顔の処理は特別な重要性を持つと考えることは妥当である。

実際に顔知覚の処理を行っているのは紡錘状回（fusiform gyrus）と呼ばれる側頭葉の底面部にある領野である（**図 9.10**）。顔の処理を行う部位であることを明示するために紡錘状回顔領域（fusiform face area：FFA）という名称を用いることもある。fMRI を用いた脳活動計測実験により，顔の視覚的提示によって FFA が強く活動することが繰り返し示されている。またこの部位を損傷すると，顔を認識することができない相貌失認（prosopagnosia）と呼ばれる症状が現れる。ただし相貌失認の患者でも，自分の見ているものが顔であ

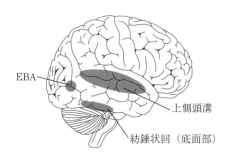

図 9.10　他者認識の脳領野

ることや，眼や鼻などの顔のパーツの特徴を言い表すことはできる。にも関わらず，それがだれであるのかを識別することはできない。ほかの物体認識には支障がないことを合わせて考えると，FFAはパーツではなく個体識別のための「顔」全体の処理を専門に行っていると考えられる。

〔2〕 **身体部位の認識** 顔知覚が重要であるのと同様に，手や足などの身体部位も物体とは区別して処理されている。高次視覚野の中にある有線外皮質身体領野（extrastriate body area：EBA）と呼ばれる小さな領域は，身体部位の視覚刺激に対して選択的に活動する[96]（図9.10）。EBAはそれが身体であれば，写真でも絵でも線画や影のようなものでも反応するが，物体の視覚刺激に対しては反応を示さない。また顔や動物の身体に対しては中程度の活動を示す。このことから顔の場合と同様に，身体はほかの物体とは異なるカテゴリーとして特異的に処理されていることがわかる。

9.5.2 他者運動や視線の認知

われわれはある種の動きに「生き物らしさ」を感じる。そのような動きを**バイオロジカルモーション**と呼び，その知覚には上側頭溝が深く関わっていることが知られている（図9.10）。例えばわれわれはヒトの関節につけた光点の動きの情報のみから人物の動き（歩いている，イスに腰かけようとしているなど）を容易に知覚することができる。どのような動作をしているかだけでなく，その人物が男性なのか女性なのか，元気はつらつとしているのか落ち込んでいるのかなどの違いを読み取ることもできる。このことは身体の外見的な特徴がなくても，動き情報のみから他者のかなりの情報を知覚できることを示している。バイオロジカルモーション刺激に対して上側頭溝は強く反応するが，速度情報を変えずに点の位置をランダム化した映像（スクランブル刺激）や上下反転した映像に対しては反応を示さない。このことからも上側頭溝は単に複雑な動きに対して反応しているのではなく，他者の動きを検出しているのだといえる。上側頭溝はバイオロジカルモーションだけでなく，視線や口の動きなどの他者情報に対しても反応することが知られている。このように上側頭溝はさまざま

な他者情報の処理や統合を行っていると考えられている[97]。

ここまで見たように，後頭葉の高次視覚野から側頭葉の一部の領野が他者情報の処理を選択的に行っていることは，他者認知が下側頭葉を中心とした一般的な物体の高次視覚認知（3章参照）ではなく，特異な処理であることを示している。「他者」に関する情報処理は人間にとってそれだけ重要であり，社会性認知は脳の主要な機能の一つであることがわかる。

9.6 自 己 認 識

9.6.1 「自己」の概念

前節では脳は他者をどのように認識するかについて見てきた。本節では，自己認識に関わる脳の働きについて見ておきたい。まず主として心理学分野で提唱されてきた「自己」のモデルを概観しよう。

〔1〕 ジェームズの主我と客我　　心理学の父といわれるジェームズは，自己を主我（I）と客我（me）とに分け，「主我」を知る主体・判断する主体としての自己，「客我」を知られる客観的事象としての自己に分類した[98]。その中で客我はさらに物質的自己，社会的自己，精神的自己の三つに分類されている。物質的自己は自分の身体や所有物に関する事項であり，自己概念の中核に位置する。社会的自己は，他者から見られた「自己」であり，身体的外見や社会的地位，評判などとも関係する。精神的自己は，内的な意識，精神的能力，性格傾向などを指す。

〔2〕 ナイサーの五つの自己モデル　　ジェームズのおよそ100年後に，認知科学者のナイサーは，自己のモデルとして五つの自己（生態学的自己，対人的自己，概念的自己，時間的拡大自己，私的自己）を提唱した[99]。生態学的自己は，環境の中で活動する身体を持った個体としての自己であり，意識的，無意識的に関わらず，身体を操作する主体である。対人的自己は，他者とインタラクションしているときの自己であり，自己と他者を区別するというよりは，自己と他者が一体となっているような様相である。他者とつながれる自己とい

う意味合いが強く，本章の前半で出てきたミラーシステムともつながってくるといえる。概念的自己は，概念的に捉えた自己の表象であり，ジェームズの客我全般とも考えられる。時間的拡大自己は，時間を超えて「私は私である」という認識（例えば子どもの頃の自分も「私」である）を支える自己であり，記憶との関連が深い。最後の私的自己は，自己の内面的意識，自分の意識は自分にしかわからないという自己に固有の感覚を支える自己である。

〔3〕 **ギャラガーの最小自己** 哲学者のギャラガーは，自己を最小自己（minimal self）と物語的自己（narrative self）の二つに分類している。このうち最小自己は「すべての余計な要素を取り除いていったときに，自己の構成要素として最後に残るもの」であり，それは「自分の身体が自分の身体であると感じられる感覚」であるとした。

この自己身体に対する意識はさらに**身体所有感**（sense of ownership）と**運動主体感**（sense of agency）の二つに分けられる[100]。身体所有感は「この身体はまさに自分のものである」という感覚であり，運動主体感は「この行為を引き起こしたのはまさに自分自身である」という感覚である。

身体所有感と運動主体感は一見似ているが，例えば意図的な行為と非意図的な身体の動きとを比べてみると区別できることがわかる。意図的な行為（例えばコーヒーカップに手を伸ばす）を行っているときに自分の手や腕を思い通りに動かせていれば，身体所有感と運動主体感の両方が引き起こされる。しかし非意図的な身体運動（例えばだれかにぶつかられて腕の軌道がずれたとき）については，身体所有感は相変わらず存在するものの，運動主体感はそこにはない。

〔4〕 **身体の概念化と「自己」** ジェームズ，ナイサー，ギャラガーの自己のモデルに共通なのは，身体を基盤とした自己を第一に据えている点である。それぞれ物質的自己（＋主我），生態学的自己，最小自己というように名称とその力点は若干異なるものの，身体を持つ主体への気づきないし概念的表象化という意味で，大まかには同じ内容を指しているように思われる。身体がなければ自己は存在し得ないのであるから，まず身体の概念化が「自己」の第一の

側面として挙げられるのは自然なのだろう．以下では，ギャラガーの最小自己における身体所有感と運動主体感についてもう少し詳しく見ていく．

9.6.2 身体所有感と運動主体感

身体所有感と運動主体感はどちらも身体からの情報を統合することによって得られる自己感である．身体からは触覚，体性感覚などの内在的な情報のほかに，視覚や聴覚（自分の手の視覚像や出した音）などの外在的な情報も得ることができる．身体所有感はこれらの情報からどの物体が自分の身体であるかを脳が判断した結果としてもたらされる．さらにわれわれが身体を動かすときには，運動野から筋肉へ運動指令が出る．この情報のコピーが同時に運動野から頭頂葉へも発せられると考えられており（**遠心性コピー**，efference copy），これによって運動の結果受け取るであろう視覚，聴覚，触覚，体性感覚などの感覚フィードバックを予測することが可能となる．運動主体感にはこの遠心性コピーが重要な役割を果たしていると考えられる．

〔1〕 **身体所有感とラバーハンド錯覚**　　身体所有感は，当然ながら自分の身体に対して抱く感覚である．ところがわれわれは自己身体以外の物体に対して身体所有感を抱くことがある．その一つとして，自分の手ではない偽物の手（ラバーハンド）が自分の手のように感じられるという**ラバーハンド錯覚**がある[101]（**図 9.11**）．ラバーハンド錯覚を引き起こすためには，まずラバーハンドを机の上に置き，自分の手をその横に置く．このときラバーハンドと自分の手の間には衝立などを置き，自分の手が直接見えないようにする．その状態でほ

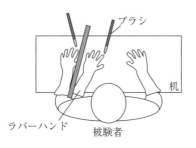

図 9.11　ラバーハンド錯覚

かの人にラバーハンドと自分の手をブラシなどで同時になでてもらう。これを2〜3分間繰り返すと，自分の手ではないはずのラバーハンドが自分の手のように感じられるようになる，というものである。実際にやってみるとわかるが，頭では自分の手ではないとわかっているのに，ラバーハンドが自分の手であるかのような奇妙な感覚に陥る。

ラバーハンド錯覚が生起するためには，視覚と触覚の時間的整合性が重要であり，視覚情報が200〜300 ms以上遅れると錯覚が起こりにくくなることが報告されている[102),103)]。これは，さまざまな感覚情報を統合して自己身体イメージを脳内で形成するプロセスを反映しているといえる。

〔2〕 **運動主体感と統合失調症** 運動主体感は，いま目の前で行われた運動が自分自身によって引き起こされたという感覚である。運動主体感は自己感の重要な要素であるが，統合失調症患者や頭頂葉を損傷した患者では，これが大きく損なわれる。特に統合失調症患者は，自分がとった行動に対して，自分がやったのではなく外部（神など）の命令によって「させられた」と報告することがある（「させられ体験」という）。

運動主体感を実験的に調べるには図**9.12**のような装置を用いる。被験者はモニタ上に提示される自分の手または他者の手を観察する。このときに自分で手を動かしてみて，それが自分の手なのか他者の手なのかを判断する。手が異

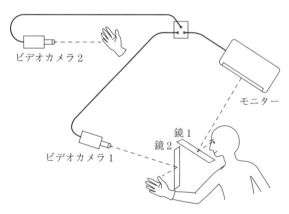

図9.12 運動主体感の実験

なる動きをすればそれが他者の手であることがすぐにわかるが，同じ動きをした場合には健常者でもある程度の判断エラーが起こる．これが統合失調症患者や頭頂葉損傷患者では有意に高くなることが示されている[104]．

運動主体感では運動指令の遠心性コピーから視覚や触覚，体性感覚などの感覚フィードバックを予期し，実際のフィードバックと比較することで，それが自己の運動かどうかを判定していると考えられる．これは工学分野におけるフィードバック制御回路（コンパレータ回路，**図 9.13**）と等価な神経回路の存在を示唆しており，統合失調症患者ではこの回路に何らかの異常が起こっていることが考えられる．

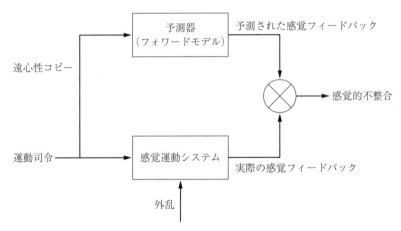

図 9.13 運動主体感の脳内コンパレータ回路

9.6.3 自己身体イメージの脳内基盤

自己身体認識の脳内基盤についても徐々に明らかにされてきている．自己の身体イメージの形成と維持には，前頭–頭頂葉の運動関連の領野が関わっていることが繰り返し報告されている．fMRIを用いた脳機能イメージング実験によると，運動前野や頭頂間溝などがラバーハンド錯覚と関連して活動する[105]．またサルを用いた研究やヒトの脳損傷患者研究においても，上頭頂小葉が自己の身体イメージを生成，維持することに関わっていることが示されてい

る[106),107)]。このことは自己の身体イメージが運動のネットワークとオーバーラップしており，特に頭頂葉が重要であることを示唆している。

一方，身体所有感と運動主体感のどちらについても，自己身体の現在の状態と異なる感覚フィードバックを与えると，下頭頂小葉や側頭-頭頂接合部など他者情報の処理に関わる領野が活動する[108)]。特に右半球の側頭-頭頂接合部は自己身体に関する感覚間のずれに対してよく反応するが，興味深いことに，この部位を電気的に刺激すると幽体離脱現象（out of body experience）が起こることが報告されている[109)]。これらの領野は身体に関する種々の感覚情報を統合し，自己身体イメージの生成や他者の弁別を行っていると考えられる。

付録　神経細胞

大脳にはおよそ数百億個，脳全体では約千数百億個の神経細胞が存在するといわれ，これらが巨大なネットワークを形成している。ここでは，神経細胞の構造とその活動が起こる仕組みについて学ぶ。さらに神経細胞どうしがどのように結合し，情報のやりとりを行っているのかについてそのメカニズムを理解する。

A.1　神経細胞の構造

脳において，情報処理および情報伝達を担っているのは**神経細胞（ニューロン）**である。神経細胞は多様な形態をとるが，ほとんどの神経細胞は**細胞体，樹状突起，軸索，終末ボタン**（軸索末端）の四つの特徴的な構造を持つ（図2.3）。

細胞体の中には，一般的な細胞と同じく，核や細胞の生存に必要な装置がある。樹状突起は細胞体から木の枝のように無数に枝分かれしながら伸びている。樹状突起はほかの神経細胞からの情報を受け取る部位であり，ほかの神経細胞の終末ボタンと接合する。この接合部位は**シナプス**と呼ばれる。軸索は細胞体から伸びる細長い管であり，しばしば**ミエリン**（**髄鞘**）と呼ばれる絶縁体に覆われている。ミエリンとミエリンの間の軸索がむき出しになっている部分は**ランヴィエ絞輪**と呼ばれる。軸索は細胞体で発生した活動電位（A.2節参照）を終末ボタンまで伝達する役割を持つ。軸索の長さは短いもので 1 mm 未満，長いものでは 1 m 以上になる。軸索はしばしば分岐し，枝分かれして細くなった末端部には終末ボタンと呼ばれる小さな丸い膨らみがある。終末ボタンはほかの神経細胞の樹状突起や細胞体の膜の上にシナプスを形成し，情報を伝達する働きを持つ。

A.2　静止膜電位と活動電位

A.2.1　静止膜電位

神経細胞の中と外に電極を置き，その電位差を測ってみると，神経細胞の内側は約 −70 mV に帯電していることがわかる（**図 A.1**）。この電位差のことを**静止膜電位**と呼ぶ。静止膜電位は細胞の中と外にあるイオン組成の違いによって形成され，おもに Na^+，K^+，Cl^- とさまざまな陰性荷電を持つタンパク質イオンの4種類が関係している。これらのイオンの濃度による拡散の力(濃いほうから薄いほうへと移動する力)

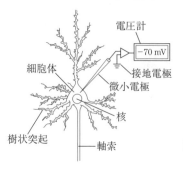

図 A.1　神経細胞の静止膜電位[3)]

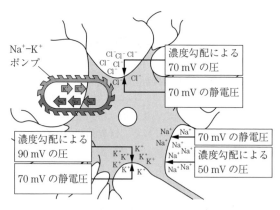

図 A.2　静止膜電位の形成[110)]

と電気的な力（＋と＋，－と－は反発し合い，＋と－は引き合う）のバランスによって膜電位は形成されている（図 A.2）。

静止状態の神経細胞の内側には K^+ とタンパク質陰イオンが多く存在し，外側では Na^+ と Cl^- の濃度が高い。神経細胞の表面は細胞膜と呼ばれる生体膜で覆われており，物質の移動はかなり制限される。ほとんどのタンパク質陰イオンは細胞内で生成され，そのまま細胞内にとどまり続ける。K^+ と Cl^- は比較的自由に細胞膜を通過できるが，Na^+ は通過できない。K^+ は細胞内の濃度が高いので細胞外へと流出する拡散力が働く一方で，細胞内の陰イオンと引き合う電気的な力が働き，それがほぼ釣り合っている（A.2.2 項で述べるようにそれよりも若干細胞内の濃度が高い）。Cl^- については，細胞内へ流入する拡散力と細胞外へ反発する電気力が完全に釣り合っている。

Na^+ の場合は少し事情が複雑である。Na^+ は細胞外の濃度が高いので細胞内へ流入しようとする拡散力が働くと同時に，陽イオンであるので細胞の負の電荷に対して

引き寄せられる電気的な力も働いている。つまり Na^+ は細胞内へ流入しようとする圧力が非常に高い状態で存在している。この状態が維持される理由の一つは，先述のように Na^+ は細胞膜を通過しにくいからである。もう一つの理由は，細胞膜には Na^+–K^+ ポンプと呼ばれる特殊な装置が存在し，細胞内の3個の Na^+ と細胞外の2個の K^+ を持続的に交換しているからである。これによって Na^+ は細胞外へ排出され，K^+ は細胞内に取り込まれる。K^+ の細胞内の濃度がやや高く維持されるのはこのためである。Na^+–K^+ ポンプは神経細胞にとって非常に重要な役割を果たしており，実際に脳で使用されるエネルギーの約40〜70%はここで使われていると推測されている。

A.2.2 活動電位の発生

Na^+ は静止状態の神経細胞では細胞膜によって隔てられ，高密度の状態で細胞外に存在している。ここで何らかの変化により Na^+ が細胞内へ入れるようになったとしたらどうなるだろうか。拡散力と電気的な力により，Na^+ は急激に細胞内に流入することが予想されるだろう。神経細胞が活動するとまさにこのことが起こる。大量の Na^+ が細胞内に流入するために，膜電位は $-70\,\mathrm{mV}$ から一気に $+40\,\mathrm{mV}$ まで変化する。この電位変化のことを**活動電位**と呼ぶ。また活動電位が発生することを神経細胞が発火するともいう。

Na^+ などのイオンは**イオンチャネル**と呼ばれる細胞膜に埋め込まれている特殊な通路を通過でき，イオンチャネルが開くと拡散力や電気的な力に従ったイオンの流入または流出が起こる（図 **A.3**）。イオンチャネルにはイオン特異性があり，例えば Na^+ チャネルは Na^+ のみを選択的に通過させる。神経細胞には，電位に依存して開閉するチャ

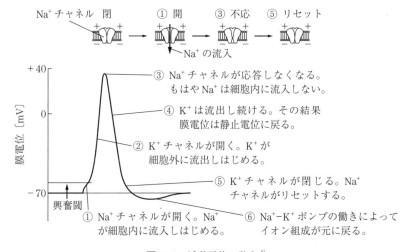

図 A.3 活動電位の発生 [4)]

ネル（電位依存性チャネル）が存在しており，Na^+ チャネルも電位依存性を持つ．神経細胞の膜電位はほかの神経細胞からの入力によって変化し（A.3 節参照），静止膜電位である $-70\,\mathrm{mV}$ から負の電荷が減る方向（$-68\,\mathrm{mV}$ など）に電位が変化することを**脱分極**，負の電荷が増える方向（$-72\,\mathrm{mV}$ など）に電位が変化することを**過分極**するという．Na^+ チャネルは，脱分極して膜電位が約 $-65\,\mathrm{mV}$ になると開き，それよりも少ない脱分極では開かない．これにより，活動電位は全か無かの法則に従う，すなわち発生すれば必ず $+40\,\mathrm{mV}$ まで脱分極が起こり，しなければ膜電位は $-70\,\mathrm{mV}$ 付近のままである．

Na^+ チャネルは約 $1\,\mathrm{ms}$ 以内（活動電位が最大になる頃）に閉じ，もう一度静止膜電位に戻るまで開くことができなくなる．神経細胞には電位依存性 K^+ チャネルも存在し，この頃には K^+ チャネルも開いている．神経細胞内は K^+ の濃度が高く，さらに正に帯電しているため電気的な力も加わって K^+ は細胞外へ流出する．これによって膜電位は急速に元の電位へと戻っていく．静止膜電位付近になると K^+ チャネルは閉じる．これで膜電位は元に戻るが，注意しなければならないのは，この時点では細胞内外のイオン組成が静止状態とは異なっており，細胞内に Na^+ が多く，細胞外に K^+ が多いことである．ここで Na^+–K^+ ポンプが働くことによってイオン組成が元に戻り，神経細胞は再び活動可能な状態となる（図 A.3）．

神経細胞の活動電位は全か無かの法則に従うので，その細胞の活動の度合いは電位の大きさとしては表れず，むしろ活動の頻度（**発火頻度**）で表されることになる．つまり，神経細胞への刺激が弱いときに比べて強いときのほうが同じ時間内に活動電位が発生する回数が多くなる（**図 A.4**）．

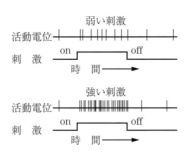

図 **A.4** 刺激の強さと発火頻度の関係

A.2.3 活動電位の伝導

細胞体で発生した活動電位は，軸索を通じて終末ボタンまで伝達される．軸索にも細胞体と同様に電位依存性の Na^+ チャネルが存在しており，チャネルが開くのに十分な脱電極が起こると，そこで活動電位が発生する．この活動電位がその先のチャ

ネルを開き…という具合にして活動電位がつぎつぎと発生していく（**図 A.5**（a））。Na^+ チャネルは開閉後に不応期があるので，この伝導は一方向（細胞体から終末ボタンへ）にしか起こらない。このようにして活動電位は軸索末端の終末ボタンまで減衰することなく伝えられる。

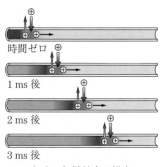 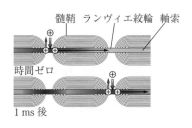

（a） 無髄軸索の場合　　　　（b） 有髄軸索の場合（跳躍伝導）

図 A.5　活動電位の伝導 [3]

上記の説明はミエリン化されていない軸索（無髄軸索）での伝導の様子であり，伝導速度はやや遅い。軸索がミエリン化されている場合（有髄軸索）には，伝導速度は格段に速くなる。ミエリンは絶縁体であるので，活動電位は減衰することなくその先のランヴィエ絞輪まですばやく伝えられる。このランヴィエ絞輪で再び活動電位が発生し，またその先のランヴィエ絞輪まで伝えられる。このようにミエリン化された軸索では絞輪から絞輪へと活動電位が伝導されるので，跳躍伝導と呼ばれる（図（b））。脊椎動物では多くの神経細胞の軸索がミエリン化されており，情報伝達の高速化を実現している。活動電位の伝達速度は軸索の太さやミエリン化の有無などによって異なるが，およそ数十 cm～100 m/s 程度である（**表 A.1**）。

表 A.1　神経の種類ごとの活動電位の伝達速度

分類1	分類2	直径〔μm〕	ミエリン	速度〔m/s〕	部　位
Aα	I	13～20	有髄	80～120	運動神経，自己受容感覚器
Aβ	II	6～12	有髄	35～75	皮膚の機械受容器
Aδ	III	1～5	有髄	5～30	痛覚，温度覚
B		＜3	有髄	3～15	自律神経系
C	IV	0.2～1.5	無髄	0.5～2	温度覚，痛覚，かゆみ

A.3 神経細胞間の情報伝達

A.3.1 シナプスの構造

神経細胞が単体でどのような活動を示すかがわかったので，つぎに神経細胞どうしがどのように情報を伝達し合うのかについて見てみよう．神経細胞の活動は電位の変化（活動電位）として表れるので，神経細胞間の情報伝達も電気的に行われることが考えられるだろう．しかし実際には，神経細胞間の情報伝達は**神経伝達物質**と呼ばれる化学物質のやりとりによって実現される．つまり神経細胞で生じた電気的な活動は一度化学物質に置き換えられて，ほかの神経細胞へと伝えられるのである．この様子を以下に見ていこう．

終末ボタンはほかの神経細胞の樹状突起や細胞体との間に**シナプス**を形成する（図 **A.6**）．シナプスにおいて，終末ボタンの膜のことを**シナプス前膜**，もう一方の神経細胞の膜（樹状突起や細胞体）のことを**シナプス後膜**と呼ぶ．またシナプス前膜とシナプス後膜の間の隙間を**シナプス間隙**という．終末ボタンには**シナプス小胞**と呼ばれる球形の物質が存在し，その中には神経伝達物質が充てんされている．シナプス後膜には神経伝達物質の**受容体**が存在し，以下に見るように，シナプス間隙に放出された神経伝達物質を検出して電気的な信号に変換する過程に関わっている．

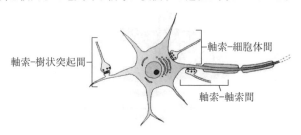

図 A.6 シナプスの構造[111]

A.3.2 神経伝達物質の放出とシナプス後電位の発生

活動電位が終末ボタンに届くと何が起こるのだろうか．終末ボタンには電位依存性の Ca^{2+} チャネルが存在する．Ca^{2+} は Na^+ と同じく細胞外に多い．したがって Ca^{2+} チャネルが開くと，拡散力と電気的な力によって Ca^{2+} が細胞内に流入してくる．終末ボタンのシナプス小胞はシナプス前膜と融合した状態で待機しているが，Ca^{2+} がこれに作用することによって融合孔が開き，シナプス小胞に含まれる神経伝達物質がシナプス間隙へ放出される（図 **A.7**）．このプロセスは非常に速く，Ca^{2+} チャネルが開いてから 0.2 ms 以内に起こる．

シナプス後膜には，神経伝達物質と結合する受容体が存在する．受容体は神経伝

A.3 神経細胞間の情報伝達

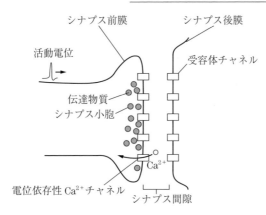

図 A.7 神経伝達物質の放出[111]

達物質に対する選択性を持ち，ある特定の受容体はある特定の神経伝達物質とだけ結合する．神経伝達物質は多種多様で，知られているだけで100種類以上あるといわれる．受容体はその動作のメカニズムの違いにより，イオン透過型受容体と代謝型受容体（Gタンパク質共役型受容体）の二つに大別されるが，どちらもシナプス後膜のイオンチャネルの開閉を行うことでシナプス後神経細胞の膜電位を変化させる（シナプス後電位）．

イオン透過型受容体の構造は比較的単純で，神経伝達物質受容体とイオンチャネルが一体化したものである．神経伝達物質が受容体の結合部位に結合するとイオンチャネルが開く仕組みになっている．一方，代謝型受容体はもう少し複雑であり，神経伝達物質が結合すると一連の化学反応を起こす．代謝型受容体に神経伝達物質が結合すると，近くに存在するGタンパクと呼ばれるタンパク質を活性化させる．このGタンパクがイオンチャネルを開いたり，セカンドメッセンジャーと呼ばれる化学物質の生産を促す酵素を活性化し，セカンドメッセンジャーがイオンチャネルを開いたりする．シナプス後膜の受容体と結合しなかった神経伝達物質は，シナプス前膜に再取り込みされるか，酵素によって不活化され，シナプス間隙から迅速に除去される．

受容体の作用によってイオンチャネルが開くとイオンの流入や流出が起こり，シナプス後神経細胞にシナプス後電位が発生する．シナプス後電位には興奮性（脱分極）または抑制性（過分極）があり，関与するイオンによって決まる．シナプス後膜には4種類の神経伝達物質依存性イオンチャネルが存在する．Na^+チャネル，K^+チャネル，Cl^-チャネル，Ca^{2+}チャネルである．Na^+チャネルは最も一般的な**興奮性シナプス後電位**（excitatory postsynaptic potential：**EPSP**）の発生源である．活動電位の場合と同じくNa^+チャネルが開くと，細胞外のNa^+が細胞内に流入し脱分極が起こる．一方，K^+チャネルとCl^-チャネルは**抑制性シナプス後電位**（inhibitory postsynaptic potential：**IPSP**）を生み出す。K^+ チャネルが開くと拡散力と電気的な力により K^+ が細胞外へ流出し，過分極が起こる。Cl^- チャネルが開くと，静止膜電位のときには何も起こらない（拡散力と電気的な力が細胞内外で釣り合っている）が，細胞が脱分極しているときには Cl^- が細胞内へ流入する。これにより膜電位は過分極する方向へ変化する（EPSP が中和される）。Ca^{2+} は正に帯電しており細胞外の濃度が高いので，Ca^{2+} チャネルが開くと細胞内に Ca^{2+} が流入し，EPSP が発生する。Ca^{2+} はさらに細胞内の特殊な酵素と結合し，シナプス後細胞の化学的変化や構造的変化を引き起こす場合がある。神経細胞間の結合の学習には Ca^{2+} によって開始されるプロセスが関わっている。

さてここまで理解できると，先に説明した活動電位の発生メカニズムが一通り理解できることになる。活動電位は膜電位が閾値（約 -65 mV）まで脱分極すると発生すると説明した。シナプス後細胞にはたくさんのシナプスが存在し，膜電位が閾値まで変化するかどうかはこれらのシナプスから生じる EPSP と IPSP の総和によって決まる（**図 A.8**）。一般に単発の EPSP では閾値までの変化は起こらず，活動電位が発生するためには複数の EPSP が同時に，あるいは時間的に近接して生じる必要がある。このシナプス統合によって膜電位が閾値を超えると活動電位が発生する。

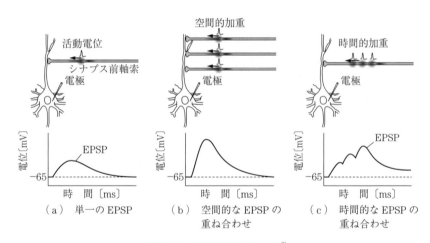

図 A.8 EPSP の重ね合わせ[3]

A.4 神経伝達物質

主要な神経伝達物質は，アセチルコリン，アミノ酸，モノアミン，ペプチドに大別できる（**表 A.2**）。それぞれの神経伝達物質は通常，異なる神経細胞群で貯蔵され

A.4 神経伝達物質

表 A.2 主要な神経伝達物質の種類

伝達物質の名前		作られる場所，機能，使われる場所など
アセチルコリン		興奮性。神経筋接合部，自律神経の節前線維，副交感神経の節後線維などで働く。
アミノ酸類	グルタミン酸	興奮性。脳の速い興奮性シナプス伝達に関与する。
	γ-アミノ酪酸	抑制性。脳の速い抑制性シナプス伝達に関与する。
	グリシン	抑制性。脊髄の速い抑制性シナプス伝達に関与する。
モノアミン類	ノルアドレナリン	興奮性。交感神経の節後線維，青斑核で作られる。睡眠，覚醒などに関与する。
	セロトニン	縫線核で作られる。睡眠，覚醒などに関与する。
	ドーパミン	黒質や腹側被蓋野で作られる。運動機能や報酬系などに関与する。
ペプチド類	エンドルフィン	抑制性の内因性オピオイド。強力な鎮痛効果があり，高次脳機能に影響を及ぼす（脳内麻薬）。
	エンケファリン	
	P 物質	一次知覚神経の痛みの伝達物質
	オキシトシン	脳下垂体後葉で作られる子宮収縮ホルモン。社会行動にも関与する。
プリン類	アデノシン三リン酸（ATP）	興奮性。中枢のシナプスでほかの伝達物質とともに放出される。

放出される。一つの神経細胞はただ一つの神経伝達物質を用いるという考えはデールの法則と呼ばれ，神経細胞はしばしば用いる神経伝達物質によって区別される。例えば，アミノ酸の一種である GABA を神経伝達物質として用いるニューロンは GABA 作動性ニューロンと呼ばれる。ただし厳密にはデールの法則に従わず，二つ以上の神経伝達物質を用いるニューロンも存在する。

〔1〕**アセチルコリン** アセチルコリン（Ach）は中枢神経系の遠心性の軸索から分泌されるおもな神経伝達物質であり，すべての筋運動はアセチルコリンを介して行われる。また自律神経系の副交感神経系から臓器への投射にも用いられる。交感神経系では節前ニューロンで用いられているが，節後ニューロンではノルアドレナリンが用いられている。

アセチルコリンは末梢で見つかりやすいので，歴史的にも最初に発見された神経伝達物質である。1920 年にレーヴィはカエルの心拍がアセチルコリンによって抑制されることを示し，シナプスにおける情報伝達が化学的に行われていることをはじめて示した（レーヴィと前出のデールは 1936 年にノーベル賞を受賞した）。末梢以外にも，アセチルコリン作動性ニューロンの軸索と終末ボタンは脳内に広く分布している。

〔2〕**アミノ酸** アミノ酸のうちで重要な神経伝達物質は，グルタミン酸（Glu），GABA（γ-アミノ酪酸），グリシン（Gly）であり，中枢神経系で広く用いられている。

グルタミン酸とグリシンはタンパク質の構成要素として体内の至るところに存在するが，GABA だけは神経伝達物質として用いるニューロンにだけ存在する。グルタミン酸は興奮性，GABA は抑制性の主要な神経伝達物質であり，脳や脊髄に広く分布している。この二つは単純な生物にも見られるので，進化的に早い段階で神経伝達物質として用いられるようになったと考えられる。グリシンも抑制性に働く。抑制性ニューロンは脳内で重要な役割を果たしており，抑制性の作用がなければ脳全体が過活動に陥ってしまうことはすぐに予想できるだろう（実際にてんかんとは脳の過活動によって失神などを引き起こす発作である）。

グルタミン酸の受容体には，その特性によって AMPA 受容体，NMDA 受容体など複数の種類が存在する。このうち AMPA 受容体が最も一般的なグルタミン酸受容体であり，グルタミン酸が結合すると EPSP が発生する。NMDA 受容体は，シナプス後膜が脱分極しており，かつグルタミン酸が結合したときにのみチャネルを開く。つまり NMDA 受容体は電位依存性かつ神経伝達物質依存性イオンチャネルである。チャネルが開くと Ca^{2+} および Na^+ を細胞内に流入させ EPSP を発生させる。さらに Ca^{2+} の働きにより LTP や LTD（A.5 節で詳述）を引き起こし，シナプス特性を変化させる。

〔3〕**モノアミン**　モノアミンには，ドーパミン，ノルアドレナリン（ノルエピネフリン），アドレナリン（エピネフリン），セロトニンの四つがある。前者の三つをまとめてカテコールアミンとも呼ぶ。モノアミンは脳幹にある比較的少数の細胞体から生成される。その軸索は分枝して広く行き渡り，脳の多くの領域に散らばるようにシナプスを形成する。これにより，モノアミン作動性ニューロンは，広い脳領域に対して情報を伝達するというよりは機能を調節する働きがある。

ドーパミンは非常に興味深い性質を持つ神経伝達物質であり，ドーパミン含有ニューロンは脳幹の二つの部位に存在する（**図 A.9** (a)）。一つは中脳の黒質から大脳基底核の線条体（尾状核と被殻）に投射しており，随意運動の開始を促進している。黒質のドーパミンニューロンが変性するとパーキンソン病の運動障害が発症する。もう一つは黒質のごく近くの腹側被蓋野であり，前頭葉皮質や辺縁系に投射している。この系は報酬系と関連している。

ノルアドレナリンは脳幹の青斑核（locus coeruleus）の細胞体に存在し，脳のほとんどすべての領野へ投射される（図 (b)）。青斑核のニューロンはたった 1 個で 25 万個以上のシナプスを形成でき，その結合先は大脳皮質から小脳までさまざまである。ノルアドレナリンニューロンのおもな役割は，外界に対する警戒や興味を高めることと考えられている。アドレナリンは，副腎（腎臓の上）で作られるホルモンであり，脳内では神経伝達物質としても働くが，ノルアドレナリンと比べてそれほど重要ではない。

セロトニン含有ニューロンの細胞体は脳幹の縫線核に存在し，脳のさまざまな部

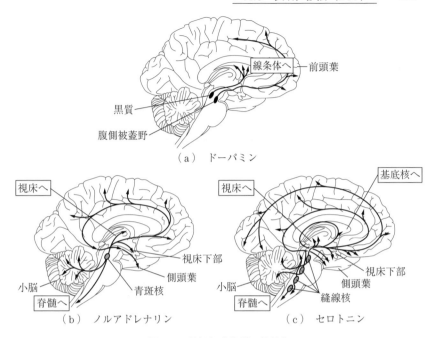

図 A.9 神経伝達物質の投射先

位に投射している（図 (c)）。セロトニンは気分の調節，摂食や睡眠・覚醒の制御，そして痛みの調節に関わっている。

〔4〕**ペプチド**　脳内には非常に多様なペプチドが存在することがわかってきている。ペプチドとは複数のアミノ酸が結合したものである。ペプチドは終末ボタンのシナプス間隙だけでなく，終末ボタン全体から分泌される。おそらく周辺の細胞にも作用している。放出されたペプチドは酵素によって分解される。

脳内にはアヘンやモルヒネなどと結合する受容体（オピオイド受容体）が存在し，痛みを軽減することがわかっている。脳内で生成されるβエンドルフィンはランナーズハイとも関係しているといわれ，オピオイド受容体と結合することが知られている。

A.5　長期増強（LTP）

長期増強（LTP）とは，シナプス前細胞を短時間に高頻度刺激することによって，シナプス後細胞の EPSP の振幅がその後の長期間に渡り増大する現象のことである（**図 A.10**）。LTP は生体内では数日から数週間に渡って持続することがわかっている。興味深いことに，シナプス前細胞を低頻度に刺激すると，長期に渡って EPSP が減少

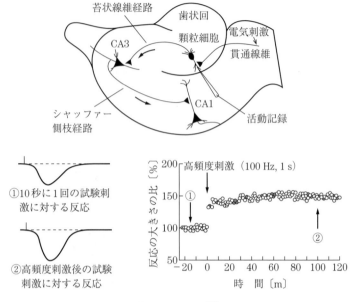

図 A.10 LTP[111]

する長期抑圧（long-term depression：LTD）が起こる。

　LTP は「神経細胞 A が神経細胞 B を繰り返し発火させると，A から B への結合が増強される」という**ヘッブの学習則**（Hebbian learning）の分子メカニズムだと考えられている。LTP の重要な性質としてつぎの三つが挙げられる。一つ目は「共同性」であり，LTP を引き起こすには一つのシナプス入力では十分ではなく，同じシナプス後細胞へ投射される複数のシナプス入力が同時に活性化されなければならない。二つ目は「連合性」であり，単独では LTP を引き起こせない弱いシナプス結合があったとき，ほかの強いシナプス結合と同時に活性化して LTP が起こることにより，弱いシナプス結合のほうでも LTP が起こって結合が増強されるという性質である。三つ目の性質は「入力特異性」であり，同じシナプス後細胞にあるシナプスでも，LTP が起こったときに活性化していないシナプスでは LTP が起こらない。このときの同時性は非常に厳密であり，シナプス後細胞が EPSP の数 ms 後に発火したときだけ LTP は起こる。この順序が逆転し，シナプス後細胞がシナプス前細胞の直前に発火すると LTP は起こらず，逆に LTD が引き起こされる。両者の発火タイミングが前後に 100 ms ずれると結合変化は起こらない。

　これらの三つの性質は，つぎの LTP の分子メカニズムから理解できる。LTP にはシナプス後膜にある AMPA 型グルタミン酸受容体と NMDA 型グルタミン酸受容体が関与している。AMPA 型受容体はグルタミン酸と結合することで脱分極を引き起

こす。しかし、NMDA 型受容体はグルタミン酸と結合するだけでは脱分極には不十分であり、チャネルを Mg^{2+} がブロックしているためにイオンの通過が起こらない（**図 A.11** (a)）。受容体がチャネルを開口するためには、さらにある程度の脱分極が必要であり、この電気的な力によって Mg^{2+} がはずれる（図 (b)）。したがって、NMDA 型受容体はそのシナプスでグルタミン酸が放出されていることと、近隣のシナプスで EPSP が起こっていることの同期性検出器として働く。NMDA 型受容体は AMPA 型受容体と違って Ca^{2+} を通す。Ca^{2+} がシナプス後細胞に流入すると、一連の反応の結果、新たな AMPA 型受容体がシナプス後膜に挿入される（図 (c)）。これによって、このシナプスはより容易に脱分極できるようになる。これが LTP の分子的基盤であり、長期に渡って EPSP が増幅されることになる。

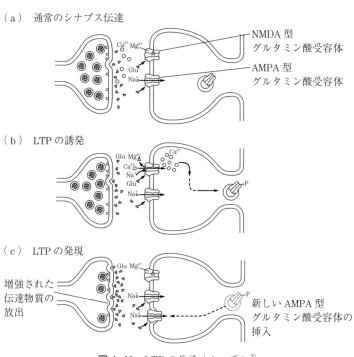

図 A.11 LTP の分子メカニズム[2]

引用・参考文献

全体を通して
1) Gazzaniga, M.S., Ivry, R.B. and Mangun, G.R.：Cognitive Neuroscience—The Biology of the Mind（Third Edition），W.W.Norton & Company（2009）
2) Kandel, E.R., Schwartz, J.H., Jessell, T.M., Siegelbaum, S.A. and Hudspeth, A.J. 編，金澤一郎，宮下保司 日本語監修：カンデル神経科学—Principles of neural science（Fifth Edition），メディカル・サイエンス・インターナショナル（2014）
3) ベアー，コノーズ，パラディーソ 著，加藤宏司，後藤 薫，藤井 聡，山崎良彦 監訳：神経科学—脳の探求—，西村書店（2007）
4) カールソン 著，泰羅雅登，中村克樹 監訳：第3版 カールソン神経科学テキスト—脳と行動—，丸善出版（2010）
5) Ward, J.：The Student's Guide to Cognitive Neuroscience（Second Edition），Psychology Press，（2010）

1章
6) Milner, G.A.：The cognitive revolution：a historical perspective, Trends in Cognitive Science, **7**, pp. 141–144（2003）
7) マイケル・I・ポスナー，マーカス・E・レイクル 著，養老孟司，加藤雅子，笠井清登 訳：脳を観る—認知神経科学が明かす心の謎，日経サイエンス社（1997）
8) デビッド・マー 著，乾 敏郎，安藤広志 訳：ビジョン—視覚の計算理論と脳内表現，産業図書（1987）

2章
9) Wichmann, T. and DeLong, M.R.：Deep brain stimulation for neurologic and neuropsychiatric disorders, Neuron, **52**, pp. 197–204（2006）

3章
10) Bouvier, S.E. and Engel, S.A.：Behavioral defidits and cortical damage loci in cerebral achromatopsia, Cerebral Cortex, **16**, pp. 183–191（2006）
11) Desimone, R., Albright, T.D., Gross, C.G. and Bruce, C.：Stimulus-selective properties of inferior temporal neurons in the macaque, Journal of Neuroscience, **4**, pp. 2051–2062（1984）

12) Farah, M.J.: Visual Agnosia (Second Edition), MIT Press (2004)
13) Underleider, L.G. and Mishkin, M.: Two cortical visual systems. Analysis of visual behavior, pp. 549–586, MIT Press (1982)
14) Kohler, S., Kapur, S., Moscovitch, M., Winocur, G. and Houle, S.: Dissociation of pathways for object and spatial vision: A PET study in humans, Neuroreport, **6**, pp. 1865–1868 (1995)
15) Goodale, M.A. and Milner, A.D.: Separate visual pathways for perception and action, Trends in Neurosciences, **15**, pp. 22–25 (1992)

4章

16) 岩村吉晃：タッチ，医学書院（2001）
17) 入來篤史：道具を使うサル，医学書院（2004）

5章

18) Kalaska, J.F. and Rizzolatti, G.：カンデル神経科学，37　随意運動：一次運動皮質, pp. 820–849, メディカル・サイエンス・インターナショナル（2015）
19) Shima, K. and Tanji, J.: Neuronal activity in the supplementary and presupplementary motor areas for temporal organization of multiple movements, Journal of Neurophysiology, **84**, pp. 2148–2160 (2000)
20) Picard, N. and Strick, P.L.: Imaging premotor areas, Current Opinion in Neurobiology, **11**, pp. 663–672 (2001)
21) ベンジャミン・リベット 著，下條信輔 訳：マインド・タイム―脳と意識の時間，岩波書店（2005）
22) Duhamel, J.R., Colby, C.L. and Goldberg, M.E.: Ventral intraparietal area of the macaque: congruent visual and somatic response properties, Journal of Neurophysiology, **79**, pp. 126–136 (1998)
23) Murata, A., Fadiga, L., Fogassi, L., Gallese, V., Raos, V. and Rizzolatti, G.: Object representation in the ventral premotor cortex (area F5) of the monkey, Journal of Neurophysiology, **78**, pp. 2226–2230 (1997)
24) Castiello, U.: The neuroscience of grasping, Nature Reviews Neuroscience, **6**, pp. 726–736 (2005)
25) Rizzolatti, G., Fadiga, L., Gallese, V. and Fogassi, L.: Premotor cortex and the recognition of motor actions, Brain Research: Cognitive Brain Research, **3**, pp. 131–141 (1996)

6章

26) LeDoux, J.E. and Damasio, A.R.：カンデル神経科学，48　情動と感情, pp. 1056–1070, メディカル・サイエンス・インターナショナル（2015）

27) Ekman, P.: Cross-cultural studies in facial expression, Darwin and facial expressions: A century of research in review, Academic Press (1973)
28) ジョセフ・ルドゥー 著，松本　元，小幡邦彦，湯浅茂樹ほか 訳：エモーショナル・ブレイン—情動の脳科学，東京大学出版会（2003）
29) LaBar, K.S., Gatenby, J.C., Gore, J.C., LeDoux, J.E. and Phelps, E.A.: Human amygdala activation during conditioned fear acquisition and extinction: a mixed trial fMRI study, Neuron, **20**, pp. 937–945 (1998)
30) Adolphs, R., Gosselin, F., Buchanan, T., Tranel, D., Schyns, P. and Damasio, A.: A mechanism for impaired fear recognition in amygdala damage, Nature, **433**, pp. 68–72 (2005)
31) Whalen, P.J., Kagan, J., Cook, R.G., Davis, F.C., Kim, H., Polis, S., McLaren, D.L., et al.: Human amygdala responsivity to masked fearful eye whites, Science, **306**, pp. 2061–2066 (2004)
32) Zajonc, R.B. feeling and thinking: Preferences need no inferences, American Psychologist, **35**, pp. 151–175 (1980)
33) Wicker, B., Keysers, C., Plailly, J., Royet, J. P., Gallese, V. and Rizzolatti, G.: Both of us disgusted in my insula: the common neural basis of seeing and feeling disgust, Neuron, **40**, pp. 655–664 (2003)
34) Damasio, A.R., Grabowski, T.J., Bechara, A., Damasio, H., Ponto, L.L., Parvizi, J. and Hichwa, R.D.: Subcortical and cortical brain activity during the feeling of self-generated emotions, Nature Neuroscience, **3**, pp. 1049–1056 (2000)
35) アントニオ・R・ダマシオ 著，田中三彦 訳：無意識の脳　自己意識の脳—身体と情動と感情の神秘，講談社（2003）
36) アントニオ・R・ダマシオ 著，田中三彦 訳：感じる脳—情動と感情の脳科学　よみがえるスピノザ，ダイヤモンド社（2005）
37) Bernhardt, B. C. and Singer, T.: The neural basis of empathy, Annual Review of Neuroscience, **35**, pp. 1–23 (2012)
38) Craig, A.D.: How do you feel – now? The anterior insula and human awareness, Nature Reviews Neuroscience, **10**, pp. 59–70 (2009)
39) Critchley, H.D., Wiens, S., Rotshtein, P., Ohman, A. and Dolan, R.J.: Neural systems supporting interoceptive awareness, Nature Neuroscience, **7**, pp. 189–195 (2004)
40) Herbert, B.M., Pollatos, O. and Schandry, R.: Interoceptive sensitivity and emotion processing: an EEG study, International Journal of Psychophysiology, **65**, pp. 214–227 (2007)
41) 守口善也：自己を知る脳・他者を理解する脳—神経認知心理学からみた心の理論の新展開，1　アレキシサイミアと社会脳，pp. 1–40，新曜社（2014）
42) アントニオ・R・ダマシオ 著，田中三彦 訳：生存する脳—心と脳と身体の神秘，

講談社 (2000)
43) Shultz, W., Dayan, P. and Montague, P.R. : A neural substrate of prediction and reward, Science, **275**, pp. 1593-1599 (1997)
44) Shultz, W. : Multiple reward signals in the brain, Nature Reviews Neuroscience, **1**, pp. 199-207 (2000)
45) Ruff, C.C. and Fehr, E. : The neurobiology of rewards and values in social decision making, Nature Reviews Neuroscience, **15**, pp. 549-562 (2014)
46) Mobbs, D., Yu, R., Meyer, M., et al. : A key role for similarity in vicarious reward, Science, **324**, p. 900 (2009)
47) Shimada, S., Matsumoto, M., Takahashi, H., Yomogida, Y. and Matsumoto, K. : Coordinated activation of premotor and ventromedial prefrontal cortices during vicarious reward, Social Cognitive and Affective Neuroscience, **11**, pp. 508-515 (2016)
48) Kringelbach, M.L. : The human orbitofrontal cortex : linking reward to hedonic experience, Nature Reviews Neuroscience, **6**, pp. 691-702 (2005)
49) Murray, E.A. : The amygdala, reward and emotion, Trends in Cognitive Science, **11**, pp. 489-497 (2007)

7章
50) Zola-Morgan, S., Squire, L.R. and Amaral, D.G. : Human amnesia and the medial temporal region : enduring memory impairment following a bilateral lesion limited to field CA1 of the hippocampus, Journal of Neuroscience, **6**, pp. 2950-2967 (1986)
51) Bliss, T.V.P. and Lomo, T. : Long-lasting potentiation of synaptic transmission in the dentate area of the anaesthetized rabbit following stimulation of the performant pathway, Journal of Physiology, **232**, pp. 331-356 (1973)
52) Atkinson, R.C. and Shiffrin, R.M. : Human memory : A proposed system and its control processes, The psychology of learning and motivation, **2**, pp. 89-195, Academic Press (1968)
53) Sperling, G. : The information available in brief visual presentations, Psychological Monographs : General and Applied, **74**, pp. 1-29 (1960)
54) Baddeley, A. and Hitch, G. : Working memory, The psychology of learning and motivation, **8**, pp. 47-89, Academic Press (1974)
55) Baddeley, A. : The episodic buffer : A new component of working memory?, Trends in Cognitive Sciences, **4**, pp. 417-423 (2000)
56) Schacter, D.L. and Wagner, A.D. : カンデル神経科学, 65 学習と記憶, pp. 1410-1428, メディカル・サイエンス・インターナショナル (2015)
57) Goldman-Rakic, P.S. : Working memory and the mind, Scientific American,

267, pp. 111–117（1992）
58) Wagner, A.D., Schacter, D.L., Rotte, M., Koutstaal, W., Maril, A., Dale, A.M., Rosen, B.R. and Buckner, R.L. : Building memories : remembering and forgetting of verbal experiences as predicted by brain activity, Science, **281**, pp. 1188–1191（1998）
59) Abel, T., Havekes, R., Saletin, J.M. and Walker, M.P. : Sleep, plasticity and memory from molecules to whole-brain networks, Current Biology, **23**, R774–R788（2013）
60) O' Neill, J., Pleydell-Bourverie, B., Dupret, D. and Csicsvari, J. : Play it again : reactivation of waking experience and memory, Trends in Neurosciences, **33**, pp. 220–229（2010）
61) Loftus, E.F. and Pickrell, J.E. : The formation of false memories. Psychiatric Annals, **25**, pp. 720–725（1995）
62) ダニエル・L・シャクター：なぜ，「あれ」が思い出せなくなるのか―記憶と脳の7つの謎，日本経済新聞社（2002）
63) Shultz, W., Dayan, P. and Montague, R.R. : A neural substrate of prediction and reward, Science, **275**, pp. 1593–1599（1997）
64) Krakauer, J.W. and Shadmehr, R. : Consolidation of motor memory, Trends in Neurosciences, **29**, pp. 58–64（2006）
65) Dayan, E. and Cohen, L.G. : Neuroplasticity subserving motor skill learning, Neuron, **72**, pp. 443–454（2011）
66) Walker, M.P., Brakefield, T., Hobson, J.A. and Stickgold, R. : Dissociable stages of human memory consolidation and reconsolidation, Nature, **425**, pp. 616–620（2003）

8章

67) Shallice, T. : Specific impairment of planning, Philosophical Transactions of the Royal Society of London B, **298**, pp. 199–209（1982）
68) Knight, R.T. and Grabowecky, M. : Escape from linear time : Prefrontal cortex and conscious experience, The cognitive neurosciences, pp. 1357–1371, MIT Press（1995）
69) Dehaene, S., Posner, M.I. and Tucker, D.M. : Localization of a neural system for error detection and compensation, Psychological Science, **5**, pp. 303–305（1994）
70) Gehring, W.J., Goss, B., Coles, M.G.H., Meyer, D.E. and Donchin, E. : A neural system for error detection and compensation, Psychological Science, **4**, pp. 385–390（1993）
71) Kerns, J.G., Cohen, J.D., MacDonald, A.W. 3rd, Cho, R.Y., Stenger, V.A., Carter,

C.S. : Anterior cingulate conflict monitoring and adjustments in control, Science, **303**, pp. 1023–1026（2004）
72）Tversky, A. and Kahneman, D. : The framing of decisions and the psychology of choice, Science, **211**, pp. 453–458（1981）
73）McClure, S.M., Li, J., Tomlin, D., Cypert K.S., Montague, L.M. and Montague, P.R. : Neural correlates of behavioral preference for culturally familiar drinks, Neuron, **44**, pp. 379–387（2004）
74）Sanfey, A.G., Rilling, J.K., Aronson, J.A., Nystrom, L.E. and Cohen, J.D. : The neural basis of economic decision–making in the ultimatum game, Science, **300**, pp. 1755–1758（2003）
75）アントニオ・R・ダマシオ 著，田中三彦 訳：生存する脳─心と脳と身体の神秘，講談社（2000）

9章

76）di Pellegrino, G., Fadiga, L., Fogassi, L., Gallese, V. and Rizzolatti, G. : Understanding motor events : a neurophysiological study, Experimental Brain Research, **91**, pp. 176–180（1992）
77）Rizzolatti, G., Fogassi, L., Gallese, V. : Neurophysiological mechanisms underlying the understanding and imitation of action, Nature Reviews Neuroscience, **2**, pp. 661–670（2001）
78）Brothers, L. : The social brain : A project for integrating primate behavior and neurophysiology in a new domain, Concepts in Neuroscience, **1**, pp. 27–51（1990）
79）Dunbar, R.I.M. and Shultz, S. : Evolution in the Social Brain, Science, **317**, pp. 1344–1347（2007）
80）板倉昭二：自己の起源─比較認知科学からのアプローチ，金子書房（1999）
81）Calvo–Merino, B., Glaser, D. E., Grezes, J., Passingham, R. E. and Haggard, P. : Action observation and acquired motor skills : an fMRI study with expert dancers, Cerebral Cortex, **15**, pp. 1243–1249（2005）
82）Umiltà, M.A., Kohler, E., Gallese, V., Fogassi, L., Fadiga, L., Keysers, C. and Rizzolatti, G. : I know what you are doing. a neurophysiological study, Neuron, **31**, pp. 155–165（2001）
83）Fogassi, L., Ferrari, P.F., Gesierich, B., Rozzi, S., Chersi, F. and Rizzolatti, G. : Parietal lobe : from action organization to intention understanding, Science, **308**, pp. 662–667（2005）
84）Iacoboni, M., Molnar–Szakacs, I., Gallese, V., Buccino, G., Mazziotta, J.C. and Rizzolatti, G. : Grasping the intentions of others with one's own mirror neuron system, PLOS Biology, **3**, e79（2005）

85) Kohler, E., Keysers, C., Umiltà, M.A., Fogassi, L., Gallese, V. and Rizzolatti, G. : Hearing sounds, understanding actions : action representation in mirror neurons, Science, **297**, pp. 846–848 (2002)
86) Iacoboni, M., Woods, R.P., Brass, M., Bekkering, H., Mazziotta, J.C. and Rizzolatti, G. : Cortical mechanisms of human imitation, Science, **286**, pp. 2526–2528 (1999)
87) Vogt, S., Buccino, G., Wohlschläger, A.M., Canessa, N., Shah, N.J., Zilles, K., Eickhoff, S.B., Freund, H.J., Rizzolatti, G. and Fink, G.R. : Prefrontal involvement in imitation learning of hand actions : effects of practice and expertise, NeuroImage, **36**, pp. 1371–1383 (2007)
88) Keysers, C., Wicker, B., Gazzola, V., Anton, J.L., Fogassi, L. and Gallese, V. : A touching sight : SII/PV activation during the observation and experience of touch, Neuron, **42**, pp. 335–346 (2004)
89) Carr, L., Iacoboni, M., Dubeau, M-C., Mazziotta, J. C. and Lenzi, G. L. : Neural mechanisms of empathy in humans : A relay from neural systems for imitation to limbic areas, Proceedings of the National Academy of Sciences of the United States of America, **100**, pp. 5497–5502 (2003)
90) Singer, T., Seymour, B., O'Doherty, J., Kaube, H., Dolan, R. J. and Frith, C.D. : Empathy for pain involves the affective but not sensory components of pain, Science, **303**, pp. 1157–1162 (2004)
91) Wicker, B., Keysers, C., Plailly, J., Royet, J. P., Gallese, V. and Rizzolatti, G. : Both of us disgusted in my insula : the common neural basis of seeing and feeling disgust, Neuron, **40**, pp. 655–664 (2003)
92) Premack, D.G. and Woodruff, G. : Does the chimpanzee have a theory of mind?, Behavioral and Brain Sciences, **1**, pp. 515–526 (1978)
93) Call, J. and Tomasello, M. : Does the chimpanzee have a theory of mind? 30 years later, Trends in Cognitive Science, **12**, pp. 187–192 (2008)
94) Frith, U. and Frith, C.D. : Development and neurophysiology of mentalizing, Philosophical Transactions of the Royal Society of London, B : Biological Sciences, **358**, pp. 459–473 (2003)
95) Carrington, S. J. and Bailey, A. J. : Are there theory of mind regions in the brain? A review of the neuroimaging literature, Human Brain Mapping, **30**, pp. 2313–2335 (2009)
96) Downing, P.E., Jiang, Y., Shuman, M. and Kanwisher, N. : A cortical area selective for visual processing of the human body, Science, **293**, pp. 2470–2473 (2001)
97) Allison, T., Puce, A. and McCarthy, G. : Social perception from visual cues : role of the STS region, Trends in Cognitive Science, **4**, pp. 267–278 (2000)

98) James, W. : The principles of psychology, Henry Holt & Co. (1890)
99) Neisser, U. : Criterion for an ecological self, The self in infancy : Theory and research, Elsevier (1995)
100) Gallagher, S. : Philosophical conceptions of the self : implications for cognitive science, Trends in Cognitive Science, **4**, pp. 14–21 (2000)
101) Botvinick, M. and Cohen, J. : Rubber hands "feel" touch that eyes see, Nature, **391**, p. 756 (1998)
102) Sotaro, Shimada., Kensuke, Fukuda. and Kazuo, Hiraki. : Rubber hand illusion under delayed visual feedback, PLoS ONE, 4 (**7**), e6185 (2009)
103) Sotaro, Shimada., Tatsuya, Suzuki., Naohiko, Yoda. and Tomoya, Hayashi. : Relationship between sensitivity to visuotactile temporaldiscrepancy and the rubber hand illusion, Neuroscience Research, **85**, pp. 33–38 (2014)
104) Daprati, E., Franck, N., Georgieff, N., Proust, J., Pacherie, E., Dalery, J. and Jeannerod, M. : Looking for the agent : an investigation into consciousness of action and self-consciousness in schizophrenic patients, Cognition, **65**, pp. 71–86 (1997)
105) Ehrsson, H.H., Spence, C. and Passingham, R.E. : That's my hand! Activity in premotor cortex reflects feeling of ownership of a limb, Science, **305**, pp. 875–877 (2004)
106) Graziano, M.S., Cooke, D.F. and Taylor, C.S. : Coding the location of the arm by sight, Science, **290**, pp. 1782–1786 (2000)
107) Wolpert, D.M., Goodbody, S.J. and Husain, M. : Maintaining internal representations : the role of the human superior parietal lobe, Nature Neuroscience, **1**, pp. 529–533 (1998)
108) Balslev, D., Nielsen, F.A., Lund, T.E., Law, I. and Paulson, O.B. : Similar brain networks for detecting visuo-motor and visuo-proprioceptive synchrony, NeuroImage, **31**, pp. 308–312 (2006)
109) Blanke, O., Ortigue, S., Landis, T. and Seeck, M. : Stimulating illusory own-body perceptions, Nature, **419**, p. 269 (2002)

付録
110) ピネル 著, 佐藤　敬, 若林孝一, 泉井　亮, 飛鳥井望 訳：バイオサイコロジー —脳-心と行動の神経科学, 西村書店 (2005)
111) 黒谷　享 著：絵でわかる脳のはたらき, 講談社サイエンティフィク (2002)

索引

【あ・い】

アフォーダンス　　　　　　77
アレキシサイミア　　　　　94
イオンチャネル　　　　　157
意思決定　　97, 131, 133, 134
痛　み
　　　56, 57, 93, 94, 142, 165
一次運動野　　　　19, 64, 68,
　　　　　　69, 70, 71, 73, 74, 78,
　　　　　　81, 118, 119, 135, 137
一次感覚野　　　　　　　118
一次視覚野
　　　　18, 26, 27, 32, 34, 42
一次体性感覚野
　　　　18, 59, 60, 61, 68, 73, 93
一次聴覚野　　　　18, 52, 54
一次味覚野　　　　　　　48
意味記憶　　　　　　　　106
意味的プライミング　　　114

【う】

ウィスコンシンカード
　　　分類課題　　　　　126
ウェルニッケ野　　　　　　6
運動学習　　　　64, 80, 118
運動技能　　　　　107, 118
運動主体感
　　　　150, 151, 152, 153, 154
運動準備電位　　　　　　72
運動制御
　　　22, 61, 63, 64, 71, 74, 78
運動前野
　　　　69, 70, 71, 78, 81, 108,
　　　　118, 120, 135, 137, 146, 153

運動方向選択性　　　34, 69
運動盲　　　　　　　　　38

【え】

エイリアンハンド症候群　72
エグゼクティブ機能　　　121
エピソード記憶　　　　　106
エビングハウスの
　　　忘却曲線　　　　　103
エラー関連陰性電位　　　130
縁上回　　　　　　　　　108
遠心性コピー　　　151, 153

【お】

おばあちゃん細胞説　　　41
オプティックフロー　　　38
オペラント条件づけ
　　　　　　　　　115, 116
音韻ループ　　　　108, 125

【か】

回　　　　　　　　　　　14
外側溝　　　　　　14, 54, 61
外側膝状体　　　　　24, 32
外側前頭前野　　　　　　130
海　馬　　20, 61, 99, 100, 101,
　　　　103, 106, 111, 112, 133
海馬傍回　　　　　100, 110
下オリーブ核　　　　　　82
下　丘　　　　　　　52, 54
蝸　牛　　　　　　　　　52
角　回　　　　　　　　7, 40
下垂体　　　　　　　　　87
下側頭葉　　27, 36, 39, 40,
　　　　　41, 42, 108, 149

活動電位　　13, 82, 157, 158
下頭頂小葉
　　　　61, 73, 74, 75, 77, 154
カノニカルニューロン　　76
過分極　　　　　　　　　158
感覚記憶　　　　　104, 105
眼窩野　　　　　　　　　50
感　情　　48, 83, 84, 88,
　　　　　93, 94, 98, 145
桿　体　　　　　　　　　28
観念運動失行　　　　　　77

【き】

記　憶　　20, 99, 102, 106
　　――の固定化
　　　　　　110, 111, 118, 119
記憶障害　　　　　　99, 101
機能局在性　　　　　　　2, 6
機能的核磁気共鳴法　　　8
逆行性健忘　　100, 110, 111
キャノン＝バード説　　　84
ギャンブリング課題　　　133
嗅　覚　　　　　　　　　48
嗅内皮質　　　　　100, 110
強化学習　　　97, 116, 117
共　感　　　　　　141, 142
恐怖条件づけ　　　　　　90
局所脳血流　　　　　　　8
近赤外分光法　　　　　　8
筋紡錘　　　　　　　58, 66

【く】

空間記憶　　　　　　　　101
空間認知　　　　　　　　26

索　引

クリューバー＝
　　ビューシー症候群　　89

【け】

計算モデル　　7, 117
計算論的認知科学　　7
顕在記憶　　106
健忘症　　99

【こ】

溝　　14
交感神経系　　12, 86
後期学習　　119
高次視覚野　　34, 35, 108, 149
行動経済学　　133
行動主義　　2, 116
後頭頂皮質　　73
後頭葉　　14
興奮性シナプス後電位　　161
効　用　　132
黒　質　　21, 78, 80, 96, 164
「心の理論」
　　131, 136, 143, 145
固　執　　125
誤信念課題　　144, 146
古典的条件づけ　　115
固有感覚　　58
コラム構造　　33, 37

【さ・し】

再　生　　102
再　認　　102
ジェームスの末梢起源説
　　94
ジェームス＝ランゲ説　　84
視覚失認　　39
視覚性運動失行　　42, 74
視覚前野　　34
色　盲　　30, 35
視空間スケッチパッド
　　108, 125
軸　索　　13, 155
自己鏡像認識　　137

自己受容感覚　　56, 58, 66
自己身体　　137, 152, 153
自己認識　　137, 149
視　床　　19, 21, 24, 48, 49,
　　54, 59, 79, 81, 84,
　　85, 88, 91, 93, 121
歯状回　　100
視床下核　　21, 78
歯状核　　81
視床下部
　　24, 85, 87, 88, 89, 97
失感情症　　94
実験認知心理学　　3
失語症　　6
シナプス　　13, 29, 45, 66,
　　81, 101, 155, 160
シナプス後細胞　　165
シナプス前細胞　　165
自発的運動　　72
シミュレーション仮説
　　136, 138, 139
社会的意思決定　　98
社会的感情　　95
社会脳仮説　　136
集団符号化　　69
周波数地図　　54
終末ボタン　　155
樹状突起　　13, 81, 155
受容器　　45, 47, 49, 52, 56
受容器電位　　45
受容体　　160
受容野　　19, 29, 57, 59, 62
順行性健忘　　100
順　応　　46, 49
瞬目反射条件づけ　　118
上オリーブ核　　53
上　丘　　31, 37, 43, 54
条件づけ　　107, 115
使用行動　　72
上側頭溝　　145, 148
情　動　　20, 83, 84, 85,
　　86, 88, 94, 95,
　　121, 133, 134, 141

上頭頂小葉　　61, 73, 74, 153
情動的共感　　143
情動プライミング　　92
小　脳　　10, 22, 64,
　　80, 118, 121, 142
触　覚
　　56, 59, 61, 68, 152, 153
処理水準効果　　103
自律神経系　　11, 65, 84,
　　86, 88, 163
神経経済学　　133
神経細胞　　2, 12, 155, 163
神経伝達物質　　160, 163
人工知能　　2, 7, 116
身体周辺空間　　75
身体所有感　　150, 151, 154
伸張反射　　66

【す】

随意運動　　64, 68, 78, 80, 164
髄　鞘　　155
錐　体　　28, 30, 36
スイッチングコスト　　127
睡　眠　　112
スピンドル　　112

【せ】

静止膜電位　　155
精緻化　　103, 119
脊　髄　　10, 11, 59, 64,
　　66, 68, 78, 81
脊髄反射　　66
宣言的記憶　　106
潜在記憶　　106, 114, 115
線条体　　21, 78, 79, 96,
　　97, 117, 118, 164
前頭眼窩野　　91, 95, 97, 98,
　　121, 133, 134, 145
前頭眼野　　54, 75
前頭前野　　54, 71, 75,
　　108, 110, 114, 120,
　　121, 125, 127, 129
前頭葉　　14, 124, 126, 127

【そ】

前補足運動野	70, 71, 129
想起	102, 104
早期学習	118
早期固定化	119
相貌失認	6, 40, 147
側頭−頭頂接合部	145, 154
側頭葉	14, 50, 54, 89, 110, 111, 120
ソマティックマーカー仮説	96, 134

【た】

帯状回	20, 58, 71, 93, 94, 97, 98, 121, 129, 130, 142, 145
体性感覚	56, 61, 153
体性感覚地図	60
体性感覚野	58, 68, 71, 141, 142
体性神経系	11
大脳	10
大脳基底核	11, 21, 64, 78, 121, 130
大脳皮質	10, 13
大脳辺縁系	11, 20
体部位局在性	18, 60, 68, 79
代理報酬	98
タスクスイッチング	125
脱分極	158
短期記憶	104, 105, 107, 109
単純細胞	33
淡蒼球	21, 78, 97
弾道的運動	80

【ち】

知覚的プライミング	114
注意	4, 61, 128
中心溝	14
中枢起源説	84
中枢神経系	10
聴覚	50

長期記憶	104, 109, 111, 113
長期増強	101, 165
長期抑圧	82, 166
跳躍伝導	159
貯蔵	102, 103

【て・と】

適刺激	45
手続き記憶	106
到達運動	42, 71, 74
頭頂間溝	61, 74, 75, 153
頭頂葉	14, 42, 54, 61, 69, 71, 73, 108, 118, 120, 125, 128, 135, 137, 146, 152, 153, 154
動的フィルタリング機能	124
島皮質	15, 19, 58, 61, 92, 93, 94, 98, 141, 142, 143
読字障害	40
トノトピー	54
ドーパミンニューロン	96, 97, 117
度忘れ	104

【な】

内受容感覚	93, 94
内省	131
内側前頭前野	117, 121, 129, 130, 131, 134, 145, 146
内分泌系	87, 88

【に】

二次視覚野	26, 35
二次体性感覚野	61
二重乖離	6, 42
二重貯蔵庫モデル	104
二種感覚ニューロン	61
ニューロエコノミクス	133, 136
ニューロン	12, 155
認知神経心理学	5
認知的共感	143

【ね・の】

音色	51
脳幹	10, 22, 23, 48, 53, 81, 82, 93, 142, 164
脳機能イメージング	3, 8, 72, 133, 136, 153
脳内身体表現	93
脳波	8, 130
脳梁	13

【は】

バイオロジカルモーション	148
背外側前頭前野	108, 121, 124, 125, 133
背側運動前野	70, 73, 74, 135
背側経路	27, 39, 41, 71, 77
バイモーダルニューロン	61, 75
パーキンソン病	79
把持運動	42, 71, 75, 139
場所細胞	102, 112
発火頻度	158
パブロフの犬	115
反射中枢	11
反応コンフリクト	130

【ひ】

被殻	21, 78
尾状核	21, 78, 80, 97
ピッチ	50
表情の認知	91

【ふ】

フィードフォワード制御	80
副交感神経系	12, 86, 163
複雑細胞	34
腹側運動前野	70, 73, 75, 135
腹側経路	27, 38, 42, 77
腹側被蓋野	96, 164

腹内側前頭前野	紡錘波 112	モジュール構造 2
93, 95, 97, 98, 133	補足運動野	モジュール性 5
符号化 102, 105, 110	69, 70, 71, 78, 118, 129	モニタリング 129, 130, 131
物体認識 26, 39	ホムンクルス 60	模倣 77, 140
プライミング 107, 114	【ま・み】	【ゆ・よ】
フランカー課題 130		
プランニング 123	末梢起源説 84	有線外領野 34
プルキンエ細胞 81	末梢神経系 10, 11	幽体離脱現象 154
ブローカ野 6, 108, 135	マルチタスキング 123	抑制 127, 128
プロスペクト理論 132	ミエリン 155	抑制性シナプス後電位 161
ブロブニューロン 34	味覚 46	【ら・り】
ブロードマン地図 16	ミラーシステム 136, 138,	
文脈依存効果 104	139, 140, 141,	ラバーハンド錯覚
	143, 146, 150	151, 152, 153
【へ・ほ】	ミラーニューロン	ランヴィエ絞輪 155
ヘシュル回 54	77, 135, 137	リハーサル 106
ヘップの学習則 166	【む・め】	【れ・わ】
辺縁系 79, 96	結びつけ問題 26	レティノトピー 32
扁桃体 20, 61, 85, 88, 89,	無動無言症 72	連合野 19, 61
91, 92, 97, 98, 99	メンタライジング	連想記憶 109
方位選択性 33, 69	131, 136, 143, 145	ワーキングメモリ
報酬 2, 79, 96, 97,	【も】	107, 108, 124
116, 117, 121, 134		
報酬系 96, 117, 133, 164	盲視 42, 92	
報酬予測誤差 97, 117	網膜部位局在性 32	
紡錘状回 5, 36, 40, 147		

【E・F】	【G・I】	preSMA 70, 71, 75
		SMA 70, 71, 72, 75
EBA 148	GO/NO–GO 課題 128	Stroop 課題 128
EPSP 161	IPS 61, 74	SWR 112
FEF 75	IPSP 162	
FFA 147	【L・P・S】	【ギリシャ】
fMRI 8, 128, 133, 147, 153		
fMRI 実験 91, 98, 110	LGN 24, 32	α運動ニューロン 65, 67, 68
	LTD 164	
	LTP 101, 102, 164, 165	

―― 著者略歴 ――

1996 年　慶應義塾大学理工学部電気工学科卒業
1998 年　慶應義塾大学大学院理工学研究科前期博士課程修了（計算機科学専攻）
2001 年　慶應義塾大学大学院理工学研究科後期博士課程修了（計算機科学専攻）
　　　　 博士（工学）
2001 年　科学技術振興事業団研究員（東京大学）
2003 年　東京大学 COE「心とことば」特任研究員
2004 年　日本学術振興会特別研究員（PD）（東京大学）
2006 年　明治大学理工学部専任講師
2010 年　明治大学理工学部准教授
2015 年　明治大学理工学部教授
　　　　 現在に至る

認 知 脳 科 学
Cognitive Neuroscience　　　　　　　　　　　　　　　　　ⓒ Sotaro Shimada 2017

2017 年 3 月 8 日　初版第 1 刷発行
2022 年 6 月 10 日　初版第 5 刷発行

　　　　　　　　　著　者　　嶋　田　総 太 郎
　　　　　　　　　発行者　　株式会社　コロナ社
　　　　　　　　　　　　　　代表者　牛来真也
　　　　　　　　　印刷所　　三美印刷株式会社
　　　　　　　　　製本所　　有限会社　愛千製本所

112-0011　東京都文京区千石 4-46-10
発 行 所　株式会社　コ ロ ナ 社
CORONA PUBLISHING CO., LTD.
Tokyo Japan
振替 00140-8-14844・電話(03)3941-3131(代)
ホームページ　https://www.coronasha.co.jp

ISBN 978-4-339-07812-1　C3040　Printed in Japan　　　　　　（新井）

＜出版者著作権管理機構 委託出版物＞
本書の無断複製は著作権法上での例外を除き禁じられています。複製される場合は，そのつど事前に，出版者著作権管理機構（電話 03-5244-5088，FAX 03-5244-5089，e-mail: info@jcopy.or.jp）の許諾を得てください。

本書のコピー，スキャン，デジタル化等の無断複製・転載は著作権法上での例外を除き禁じられています。購入者以外の第三者による本書の電子データ化及び電子書籍化は，いかなる場合も認めていません。
落丁・乱丁はお取替えいたします。